5G 增强技术丛书

U0120887

5G RedCap技术标准详解：

低成本终端设计打开5G物联新世界

黄宇红 徐晓东 沈祖康 胡丽洁 王轶 等◎编著

RedCap Technology and Standards:

5G Device towards a New World of IoT

人民邮电出版社

北 京

图书在版编目（CIP）数据

5G RedCap技术标准详解 ：低成本终端设计打开5G物联新世界 / 黄宇红等编著. -- 北京 ：人民邮电出版社，2023.7（2023.9重印）
（5G增强技术丛书）
ISBN 978-7-115-61798-9

Ⅰ．①5… Ⅱ．①黄… Ⅲ．①第五代移动通信系统—终端设备—技术标准 Ⅳ．①TN929.538-65

中国国家版本馆CIP数据核字(2023)第088767号

内 容 提 要

作为 5G 面向物联网应用的一种轻量级用户终端类型，RedCap 从标准化伊始便获得了运营商、网络设备商、终端厂商、芯片厂商的广泛关注。本书从 RedCap 的需求出发，全面展现了 RedCap 技术的标准化始末，从标准化前期针对各项候选技术的研究，包括量化的成本降低增益评估、成本和复杂度降低带来的性能影响及标准化影响研究和分析，到技术选择之后，3GPP 做了哪些必要的工作以保证 RedCap 终端的正常通信，保证其与非 RedCap 终端的高效共存。本书从标准制定参与者的第一视角对整个标准化过程的前因后果进行详细的论述，力求让读者对 RedCap 有一个详尽的理解。

本书适合 5G 标准化研究人员、终端产品开发者、网络运营商，以及对 RedCap 终端应用感兴趣的行业从业人员阅读。

◆ 编　　著　黄宇红　徐晓东　沈祖康　胡丽洁　王　轶　等
　　责任编辑　王海月
　　责任印制　马振武
◆ 人民邮电出版社出版发行　　北京市丰台区成寿寺路 11 号
　　邮编　100164　电子邮件　315@ptpress.com.cn
　　网址　https://www.ptpress.com.cn
　　固安县铭成印刷有限公司印刷
◆ 开本：787×1092　1/16
　　印张：11.25　　　　　　　　　　　2023 年 7 月第 1 版
　　字数：214 千字　　　　　　　　2023 年 9 月河北第 2 次印刷

定价：79.80 元

读者服务热线：**(010)81055493**　印装质量热线：**(010)81055316**
反盗版热线：**(010)81055315**
广告经营许可证：京东市监广登字 20170147 号

序

　　自 20 世纪 80 年代移动通信商用以来，移动通信技术已经发展到第五代（5G）。中国在 2019 年 6 月 6 日发放 5G 商用许可证后，产业蓬勃发展，在用户体验到流畅网络的同时，各行各业的物联应用也逐渐拉开序幕。2021 年工业和信息化部联合国家发展和改革委员会等 9 部门印发《5G 应用"扬帆"行动计划（2021—2023 年）》，进一步拓展了 5G 应用场景，加快了 5G ToB 商用。2022 年移动物联终端数首次超过手机终端数，移动通信开始步入万物互联的时代。

　　5G RedCap 是国际通信标准组织 3GPP 制定的基于 5G 的第一个物联网通信技术特性和标准，该标准是面向产业互联、智能穿戴、智慧城市视频监控等应用场景的技术标准，旨在进一步降低终端的复杂度、成本和终端能耗，同时利用好 5G 的大带宽优势，解决互联互通及多种类型终端共存的问题，该标准的实施为垂直行业的 5G 应用加快落地铺平技术道路。

　　本书围绕 3GPP R17 的 RedCap，对从技术评估到标准制定的全过程做了极其全面、细致的还原和解读，能够帮助 5G 物联网相关标准研究人员，以及行业开发人员深入了解 RedCap 的技术原理和背后的产业思考。同时，本书以 RedCap 的标准化过程为基线，系统性地介绍了 3GPP 标准组织的工作方法，对从事移动通信标准开发和技术研究的初学者大有裨益。

　　本书的创作团队包括 3GPP 标准组织核心工作组的主席和资深参与者，他们有着丰富的移动通信标准化工作经验。相信无论是对 5G 感兴趣的初学者、从事标准研究工作的入门者，还是物联网行业、模组开发的相关从业者，本书都能给您带来收获。RedCap 的技术标准还在不断演进，也一定能进一步帮助推动 5G 规模部署，促进 5G 融入千行百业，成为信息社会智慧发展的驱动力。

中国通信标准化协会理事长

闻库

前言

移动通信产业在 4G 标准技术的推动下,在全球范围获得了空前的赞誉,因而 5G 在标准研究伊始就备受关注和期待,被赋予了更高的要求。ITU–R 定义了 5G 需要满足的三大应用场景,就是大家目前熟知的:增强型移动宽带(eMBB)、超可靠低时延通信(URLLC)和大连接物联网(mMTC)。在 5G 商用之初,最迫切的应用场景主要来自 eMBB 类和部分 URLLC 类业务。因此,针对前两类应用场景制定的标准技术规范,即 5G 标准的前两个版本 R15 和 R16,要求 5G 网络和终端满足十分先进的、高标准的技术指标,而这类终端也的确给市场带来了惊喜和全新的用户体验。到了 5G 标准的第三个版本 R17,如何将 5G 迅速推广到千行百业逐渐成为进一步促进移动通信产业融入信息社会的新命题。在此背景下,基于 5G 标准,面向物联终端实现低成本、大规模连接的技术需求逐步走向前台。面向物联网的终端技术特性,3GPP 标准化组织制定了 RedCap 标准。RedCap 是英文词组 Reduced Capability 的缩写,中文意思为降低能力。基于 RedCap 的终端设备(UE),是自 R15 定义 5G eMBB 终端以来,5G NR 标准定义的第二款终端,也是 5G 面向物联网的第一款终端。

正是由于其"面向物联网的第一款终端"的独特身份,RedCap 的标准化设计受到了包括运营商、设备厂商、终端厂商、芯片厂商在内的 3GPP 成员的广泛关注,各公司针对如何设计出一款具有竞争力的物联终端开展了热烈的讨论。

在 RedCap 标准制定过程中,本书作者之一徐晓东很荣幸作为 5G 标准制定的核心组织 3GPP RAN1 的副主席主持了 RedCap 这一议题的讨论和标准研究工作,其他编写者也均为 RedCap 标准化的深入参与者,在整个标准化工作中收获很多。在 RedCap 标准制定的过程中,针对如何体现基于 5G 标准的物联终端的技术优势、物联终端的引入对现网终端可能带来的影响等,3GPP 的参与者们积极阐述了各自的见解和技术方案。本书希望通过记录和还原这些见解和分析,深度剖析 RedCap 标准设计的底层逻辑,帮助相关从业人员深入理解物联终端的设计初衷和前因后果,使他们在 RedCap 产品开发的过程中少走弯路。

本书主要由黄宇红、徐晓东、沈祖康、胡丽洁、王轶组织编写,其他人员刘潇蔓、张嘉真、金哲、侯海龙、温容慧、谢曦、余政分别参与了部分章节内容的编写。徐晓东、沈祖康组织了全书的撰写和统稿工作,胡丽洁和王轶负责全书的结构和内容完善,各章节具体编写分工如下。第 1 章:王轶、金哲;第 2 章:胡丽洁、温容慧、侯海龙、金哲;第 3 章:侯海龙、余政;第 4 章:张嘉真;第 5 章:胡丽洁、侯海龙、刘潇蔓;第 6 章:侯海龙、谢曦、刘潇蔓;第 7 章:王轶、刘潇蔓;第 8 章:王轶、胡丽洁。

随着 3GPP R18 的进一步演进，RedCap 标准也在不断地完善，包括对于 R17 版本 RedCap 终端带宽的进一步降低和终端节能的标准化，这部分工作预计将持续到 2024 年年初。因此，本书的作者团队也将持续跟踪标准化进程。本书基于作者的理解和有限学识进行编写，内容难免有疏漏之处，敬请读者谅解，并提出宝贵意见。

目录

第1章

5G RedCap背景与标准化概述

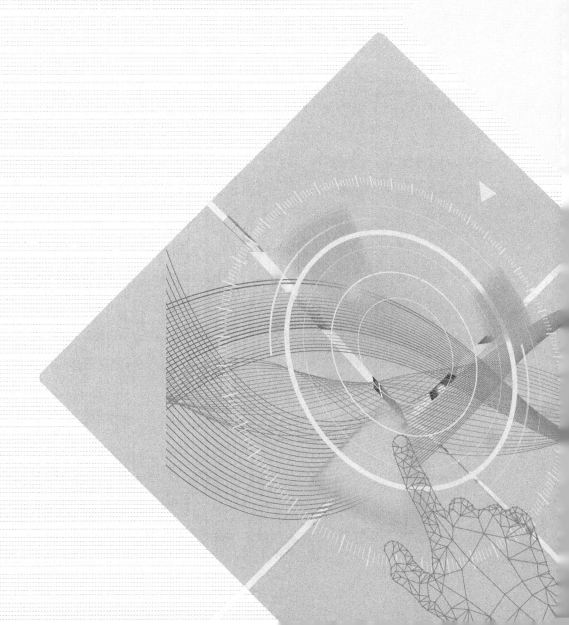

移动通信产业能够蓬勃发展，与其全球化的通信技术标准规范密不可分。第五代移动通信系统（5G）是在第四代移动通信系统（4G）商业化成功的基础上，面向下一代的移动通信网络和技术标准。国际电信联盟（ITU）定义了5G的三大应用场景，分别是增强型移动宽带（eMBB）、超可靠低时延通信（URLLC）和大连接物联网（mMTC）。

- eMBB主要面向个人消费者（toC）移动宽带上网业务场景，满足人们随时随地移动宽带通信的需求。

- URLLC主要面向工业或行业（toB）低时延、高可靠业务场景，满足工厂、港口、医疗等特定业务的低时延和高可靠诉求。

- mMTC主要面向物的连接，实现海量设备接入蜂窝网络，将蜂窝网络的连接从人拓展到物，是实现数字智能社会的关键。

第三代合作伙伴计划（3GPP）是成立于1998年的标准化机构，其目标是在ITU计划的范围内制定移动通信系统规范和标准。3GPP的标准由诸多版本（Release）构成，每个版本都会引入新的特性（Feature）。每个特性制定的过程，一般来说都需要有相关的课题项，首先按照规定的程序建立研究项目（SI），并进行可行性评估和潜在增益的研究等；然后输出技术报告（TR），建立并展开工作项目（WI）进行具体功能的标准化；最后输出技术规范（TS）。当然，有些特性的可行性和增益都比较直观，这种情况可以简化甚至略过SI的设立、评估和TR输出的阶段，直接进入WI阶段进行标准化工作。SI或WI的范畴，必须有明确的书面文本形式的描述，即SID（研究项目描述）或WID（工作项目描述）。3GPP会为每一个SID、WID分配一个官方代号和基于数字的标识号（ID）。ID可以唯一地确定该议题，但为了便于识别和使用，在讨论的过程中，往往使用基于文字描述的代号，因为代号会关联到后续对应的相关文本文件中，例如，官方的协议改动请求（CR），使所有协议文本的修改历史和原因都是可追溯的。

在5G之前，4G的相关协议版本演进到了R14。2018年，3GPP发布了5G新空口（NR）标准的第一个协议版本R15，主要提供了超越4G体验的5G eMBB能力。2020年，3GPP的第二个5G协议版本R16完成，提供了完整的URLLC能力，使能低时延、高可靠、时间敏感网络（TSN），为智能制造工厂类业务提供了前所未有的基于蜂窝技术的体验。2022年，3GPP的第三个5G协议版本R17完成，为业界带来了最新的5G物联网技术RedCap，这标志着3GPP制定的5G标准全面覆盖了ITU定义的三大应用场景。

5G的重要驱动力之一是新的空口设计，随着基于新空口物联设备5G RedCap终端的出现，5G的生态系统将得到进一步拓展，从而推动5G业务的增长和5G在更多行业的落地。

关于RedCap名字的由来，3GPP还有过一番小争论。最初3GPP考虑的是相对能够应对复杂应用场景和提供宽带服务的eMBB终端而言，5G需要一款轻量级的终端设备，具有低成本的特点，仅仅应用于某些特定的场景和服务。因此，从市场营销的角度来看，NR-light这个名字很符合该终端的市场定位，在立项前期的讨论中被广泛使用。等到3GPP确定官方缩略语的时候，为了能够尽量从技术和协议语言的角度体现这款终端设备与eMBB终端的区别，出现了不同的建议，如low-complexity devices、optimized-complexity devices等。显然，low容易给人负面的印象，optimized容易混淆这款终端的定位，complexity比较模糊、很少用于协议中。最终，3GPP采用了Reduced Capability这种说法。

((·)) 1.1 RedCap可行性评估和研究范畴

为了确保5G相对于4G真正体现出代差，5G的第一个协议版本R15对终端所需要具备的最低能力做了较高要求，加之其他更加先进的可选终端能力，共同形成了一种面向eMBB、包括部分URLLC业务的终端类型。比如，在频率范围1（FR1）的时分复用（TDD）频段上要求终端必须能够支持4个接收天线，具备100MHz的带宽等。

然而，制约5G toB大规模落地的因素之一是5G终端芯片和模组的高昂成本。5G终端芯片和模组因其丰富的功能而设计极为复杂、研发门槛极高，且投入成本巨大，所以价格也一直居高不下。与智能手机不同，面向行业的终端形态更加具有针对性，且企业在大规模采购中对终端的成本价格更加敏感。到了R17，5G也需要应对并满足多样化的行业应用需求。因此，有必要引入降低能力的5G终端模组和技术规范，降低行业进入和使用门槛，促进5G生态系统的扩展，这是3GPP考虑设计RedCap的产业背景和初衷。基于此，3GPP展开了相应的技术讨论和标准制定工作。

降低终端能力来接入移动通信网络，不是简单做减法就能实现的，而是要考虑某种能力的降低，是否能带来成本的实质性下降，是否仍能兼容既有的设计，如不能兼容现有设计、或即使它能兼容现有设计但性能次优时，系统需要做什么样的修改。为此，有必要先行开展可行性和成本收益评估，对现有移动网络的影响等方面的研究，即需要进行SI阶段的工作。3GPP经过全会讨论，针对SI阶段的工作内容，通过了RedCap第一个SID提案文本[1]来指导研究各种有可能降低的终端能力或能力组合，以及所涉及的相关网络技术或通信流程。RedCap SI项目在3GPP的官方代号为 FS_NR_redcap。SI阶段的输出总结会形成对应的技术报告[2]。

在一个SID或者WID中，分量最重的核心内容是"理由"（Justification）和"目标"（Objective）两个部分。前者驱动了整个项目的建立，一般包含产业趋势、应用场景、动机等，回答"为什么要做"这个问题；后者明确项目的范畴，回答"要做什么"这个问题。SID或者WID要想获得通过，产业链各个环节的公司之间必须达成共识。因此，在3GPP，几乎所有的标准的立项都不是一帆风顺的，其SID、WID的内容往往要经过几次会议的讨论和修改才能最终被采纳。即使是已经通过的文本描述，在后续的讨论中也会根据工作开展的情况，对其进行必要的澄清或者修改，重新讨论形成新的内容，写入更新后的SID或WID中。这种修改一般是非常慎重且必要的，否则可能会导致后续小组会议的工作范畴模糊不清，阻碍课题的顺利进行。RedCap的SID也不例外，历时6个月，又经历了两次修改，更新后的SID分别记录在提案中（见参考文献[1]、[3]）。

SID的Justification中指出，适合应用RedCap的典型用例（Use Case）包括可穿戴设备（如智能手表、可穿戴医疗设备、AR/VR护目镜等）、工业无线传感器和视频监控，还指出了系统设计的目标性能要求。这些要求既包括3个场景共同的性能要求，也包含针对每一个具体场景的要求，以便指导后续的评估工作。在最初确定SID范畴的讨论中，还有增加诸如智慧家庭（smart home）等应用场景的建议，但每一个新的应用场景往往伴随着新的指标要求，因此也会增加新的研究和设计目标。最终，各公司基于对商业化前景的预判和研究设计的复杂度间的平衡，确定了3个可以共同研究的典型用例。其具体要求如下。

可穿戴设备：根据参考文献[2]的描述，可穿戴设备的参考比特速率为下行5～50Mbit/s和上行2～5Mbit/s，并且设备的峰值速率可能更高，下行达到150Mbit/s，上行达到50Mbit/s。设备的电源应能持续数天（达到1～2周）。值得一提的是，RedCap SID

在后续更新的文本中，对可穿戴设备的速率要求做了修改，下行峰值速率从原文的"150Mbit/s"修改为"不超过150Mbit/s"。这一个小小的改动，背后却有重要的考量，在后续章节中我们会进一步介绍。

工业无线传感器：根据参考文献[4]和[5]的描述，工业无线传感器的通信业务可靠性为99.99%，并且端到端的数据传输时延小于100ms。对于所有应用场景，参考比特速率小于2Mbit/s（上下行业务可能不对称，如上行业务更多），并且绝大多数设备是静止的，电源可能持续使用数年。对于安全类型的传感器，时延需求可以低至5～10ms。

视频监控：根据参考文献[6]的描述，经济型视频的参考比特速率为2～4Mbit/s，时延小于500ms，可靠性为99%～99.9%。对如用于农业的高端视频，速率需要达到7.5～25Mbit/s。

综上，这些应用与当前主要由窄带物联网（NB-IoT）承载的水电气表、烟感等极低速率的低功耗广域（LPWA）技术瞄准的应用有着明显的区分。随着5G RedCap的应运而生和R17标准的冻结，相信在不久的将来，装载着RedCap芯片模组的各类终端设备会层出不穷，势必将5G NR的产业拓展到更多的行业，应用到更多领域，城市智能化水平将得到进一步提高。

围绕业界各个公司的提案和提议（Proposal）讨论之后，3GPP还在SID的Objective部分确定了以下物理层技术方向为研究和评估的目标。

- 减小终端最大带宽。
- 减少终端的接收天线数。
- 半双工（half duplex）模式。
- 降低终端对数据或者信号的处理时延和处理能力的要求。

物理层（也称为Layer 1，层一）的研究和标准化工作在3GPP下设的无线接入网第一工作组（RAN1）中进行。除此之外，按照技术领域的划分，无线接入网第二工作组（RAN2）也曾经从Layer 2（或者称为Higher Layer，高层）角度考虑了以下3个可能降低终端复杂度的技术，但这些技术并未被列为SID内的正式研究目标。

- 降低Layer 2的缓存大小。
- 降低数据汇聚协议（PDCP）和无线链路控制（RLC）协议的序列号（SN）大小。
- 降低无线资源控制（RRC）处理时延的要求。

另外，终端设备对功耗节省技术的诉求是一贯的，3GPP为此在R16通过代号NR_UE_pow_sav-Core的WID引入了一些有助于终端节能的技术特性。而面向物联网络的终端设备对电池使用寿命更加敏感，因此，业界有兴趣研究在新的终端形态下如何进一步降低终端设备的功耗。RedCap SID就增加了利用终端节能技术来提升终端待机时间，也包括R16中为eMBB终端引入的节能技术的适用性的研究目标。

前面提到，RedCap研究立项过程中的主要困难在于低成本的轻量级设备所带来的实际收益和对系统性能的负面影响的折中。注意，"成本"是一个非常市场和工程化的概念，与"复杂度"有紧密和直接的关系，但不一定完全等同。两者还受工艺能力、竞争、市场份额等因素的影响。3GPP技术标准化组织并不能准确地计算出某种终端的"成本"或者"复杂度"，但可以通过粗略的估计来分析某些终端能力与复杂度、成本的关系。因此，本书不对"成本"或者"复杂度"的分析做详细的区分。具体地说，相对于R15的终端能力，RedCap的能力降低，尤其是终端支持带宽能力的降低和支持天线数的减少，不可避免地限制了网络调度的灵活性，同时对网络覆盖能力提出了更高的要求。窄带物联网（NB-IoT）设备的入网就曾出现对网络中其他商用终端的用户体验产生影响的情况。因此，引入RedCap终端对5G网络和系统的平均性能，尤其是频谱利用率、网络能耗都可能产生负面影响，随之可能影响网络规划和调度决策。为此，Objective中明确提出要对覆盖、网络容量和频谱效率的影响进行评估，以保证业界对RedCap终端接入移动通信网络的影响有深入、全面的理解和认识，为业界各方在后续产业跟进决策上提供充分的参考依据。

(((•))) 1.2　RedCap的标准化工作概述

历时一年，经过充分的讨论验证，以RAN1工作组输出的关于物理层技术的研究评估为主要内容，形成了第一版完整的技术报告TR 38.875 v1.0.0，此报告向3GPP推荐并进一步明确了需要标准化的技术方案和范畴，并在2020年12月RAN#90e次全会通过了WI相关的立项，确定了提案中代号为NR_redcap的WID（见参考文献[7]），这标志着RedCap正式进入3GPP协议标准化的阶段。在后续的全会讨论中，还通过了WID的修改提案（见参考文献[8]、[9]），并针对高层技术方案和一些WID细节进行了补充和澄清。技术报告随着后续RAN2高层技术研究工作的结束增加了新的内容，输出了新的版本：TR 38.875 v2.0.0。

物理层要标准化的技术方向如下。

- 降低终端支持的最大带宽。

- 减少终端支持的最少接收天线数和对应的下行多天线输入输出（MIMO）层数。

- 降低终端支持的最大调制阶数。

- 支持半双工。

对比前后WID提案中针对物理层技术的目标可以发现，终端支持的最大带宽和最少接收天线数是经过两次全会的讨论才最终确定下来的。同时，SI评估过的放松对终端处理时延和终端处理能力的要求两个技术方向，并没有被纳入WID的范畴。另外，SI阶段评估的覆盖补偿和终端节能部分，在WI阶段没有给出具体的工作目标。不过，虽然没有明确针对覆盖补偿的技术方案被纳入WI阶段的工作范畴，但在参考文献[2]中总结到的一些评估结论，对于后续标准演进工作、产品开发和RedCap的最终商用，仍然有指导意义。例如，参考文献[2]中总结到，用于传感器或者可穿戴设备的RedCap终端要求实现外观的紧凑和小型化，导致内置天线尺寸和空间受限，将会带来3dB左右的天线效率损失。为了保证RedCap终端和eMBB终端初始接入流程的统一，3GPP决定对额外的损失不做标准层面的优化和特殊处理。对网络厂商和运营商来说，参考文献[2]的这一结论意味着网络侧有必要考虑尽早打开RedCap终端识别功能，保证任何设备接入网络时都能满足性能的最低要求。

关于3GPP如何从候选技术方案中推荐和制定WID的工作目标，我们首先要知道，成本降低的收益预期是最重要的考量指标。各个公司基于自己的实现方案，给出成本收益的评估值，各个公司的详细分解和评估结果可以参见参考文献[10]。除此之外，还要有产业规模效应、RedCap商用终端较4G中的低端设备的市场和技术竞争力，以及平衡标准工作量等很多其他方面的考虑。下面我们分别就SI评估的几个技术方案做简要的总结和回顾，同时对确定WI内容的决策过程做简要介绍，帮助读者了解移动通信技术标准化流程上各个环节的内在联系。尤其对于RedCap，我们将帮助读者理解SI的工作输出和价值，以及3GPP如何基于SI的结论和推荐决策出WI的范畴、指导WI的工作，从而得到如今的RedCap标准框架的。各个技术方向的评估方法论、3GPP各公司的最初观点，以及最终采纳的方案细节和标准化的文本体现等，将在后续章节中一一介绍。

1. 终端最大带宽

在SI讨论的最初阶段，有公司建议在FR1中规定支持5MHz终端最大带宽，这主要从能够带来的成本下降、复杂度降低、待机时间更长等角度考虑。实际上，用于传统eMBB终端的序号为0的控制资源集合（CORESET#0），其配置可支持最大到17.28MHz的带宽范围，以保证初始带宽部分（Initial BWP）的物理下行控制信道（PDCCH）容量。在降低终端最大带宽到10MHz，甚至5MHz的情况下，可支持的CORESET#0的配置数量变少，可能会影响初始接入过程中的包括覆盖性能、PDCCH容量等在内的指标。从标准兼容性上考虑，20MHz终端最大带宽可以很好地复用NR R15标准的设计，可以支持绝大部分信道的带宽配置。因此，20MHz的终端最大带宽获得了最多的支持。终端在此带宽下可以完成初始接入，而不需要上报给基站自己的实际带宽大小。

确定终端最大带宽的另一争论焦点在于，假设一个具有40MHz带宽的终端，在声称为RedCap用户完成初始接入（这个过程只需要终端具备20MHz带宽即可）之后，是否可以上报其40MHz带宽的能力，并作为eMBB终端继续工作在网络中？

虽然SI阶段没有针对40MHz的带宽大小进行成本收益性评估，但根据各公司对带宽等各个分解模块的成本占比分析仍可以粗略计算得到，具有40MHz带宽和一个接收天线（1Rx）的终端，其成本与具有20MHz带宽并配置了2Rx的终端成本接近。考虑实际的商用可穿戴设备，如智能手表，其目标不应该局限于儿童智能手表，因此，智能手表的外形设计会有独特的要求。具体地，高端智能手表往往会使用金属外壳，这就带来另一个工程实现上的极大挑战：在这种典型设计下安装2个接收天线，要么会带来设备尺寸的显著增加，要么要求在极为有限的表盘空间内置天线，导致天线效率损失（可达3dB）。那么，1Rx就成为一个自然的选择。在此之上，由于SID要求可穿戴设备的峰值速率需要达到下行最大150Mbit/s，对1Rx的可穿戴设备来说，这就意味着需要40MHz的带宽。

此外，对终端设备来说，其大部分时间应该工作在参考速率下，这一点SID也有明确的指标，下行速率为5～50Mbit/s。之前SID中可穿戴设备峰值速率的要求修改为"不超过150Mbit/s"，因此，该峰值速率指标数值只是一个极端速率场景下的要求，并非所有可穿戴设备必须具备的硬性条件。同时，在实际网络中，例如，频分双工（FDD）网络，典型载波的频谱范围大小也不超过20MHz。在这种情况下，终端侧40MHz的带宽不会有额外的速率提升。到了时分双工（TDD）网络，由于频点上升，天线尺寸可以做得更小，设备尺寸的问题也就得到缓解。建立一套机制能有效限制这类物联终端的准入，确保其用在特定的应用场景和业务上，对运营商开展网络规划和制定相应的收费策略都很重要。40MHz带宽的终端接入网络之后，如果"伪装"成一种eMBB终端，那么这套机制可能就会失效。

最后，芯片模组从设计到流片、商用，成本极高，需要规模效应带来收益。针对统一的标准，只设计一款芯片能极大降低芯片开发的后期投入，避免市场碎片化。40MHz的终端最大带宽与eMBB的100MHz和已经被采纳的RedCap最大20MHz带宽有显著区别，这必然会导致另一种芯片模组的设计和开发，造成市场碎片化和产业不确定性。

结合以上几点，在R17中，3GPP排除了更小的5MHz带宽和更大的40MHz带宽候选项，决定仅标准化20MHz终端最大带宽的技术方案。

2．终端最少接收天线数

接收天线数是指终端设备所配置的可以用来接收无线信号的不同物理天线或者天线分支数。其形态与实现方式有关，也与是否在不同的FR频段等相关。本书为了让读者便于直观理解天线在终端设备中的成本或复杂度占比关系，以及其数量对无线通信系统的性能影响，不对天线或者天线分支做准确的区分。对于FR1的最少Rx天线数的确定，主要考虑的是对系统性能的负面影响和支持的应用场景的限制。最少Rx天线数的降低意味着MIMO技术可用的层数降低，这将直接带来下行覆盖的损失和频谱效率的降低。但作为RedCap重要应用场景之一的可穿戴设备，受限于当前工程实现上的困难，外观小型化是不得不考量的因素。如前所述，考虑标准中将会引入一套机制使网络可以针对不同的Rx天线数做准入控制，RedCap可以考虑支持不同的天线数选项，给网络足够的选择权。标准最终采纳了在FR1内的频分双工（FDD）和时分双工（TDD）频带的最少Rx天线数都是1。同时，为避免1Rx成为终端必选能力可能产生的引导产业趋势、加剧网络性能劣化的风险，标准也明确了2Rx也是协议必须支持的，即R17 RedCap技术支持两种Rx天线数的配置，具体的实现依托终端给基站上报的能力。

3. 降低对终端处理时延的要求

降低对终端处理时延的要求能带来的成本或复杂度下降，与半双工模式相对于全双工模式器件的终端成本节省的程度接近。该技术本身对协议改动不大，只要求规范一种新的处理时延。可能的问题在于该时延会影响随机接入过程的时序，如消息2（Msg2）和消息3（Msg3）的最小时间间隔。这就意味着可能为此需要设置专门的终端能力识别功能，且需要在消息1（Msg1）阶段就能够识别出仅支持降低对终端处理时延的要求的一类终端。注意，基于Msg1的RedCap终端识别是需要标准化的，但功能上仅限于识别出此类终端是否是区别于eMBB的终端，即是否为RedCap的终端，而不做更细类型的区分。降低对终端处理时延的要求作为一个可选能力，将会导致在RedCap终端中细分出一类有更宽松的处理时延要求的RedCap子类，这就需要在Msg1阶段进一步细分和识别终端子类型，而这会造成物理随机接入信道（PRACH）资源的过度分化和容量受限。同时，加之R15网络中的eMBB设备已经支持两类处理时延[11]，网络侧需要在3种不同的终端处理时延能力上综合各种终端的业务需要，实现最优的调度策略，这实现起来会非常复杂。综合降低对终端处理时延的要求带来的成本收益和实现代价，3GPP最终没有将其引入R17 RedCap的WI范畴。

4. 降低对终端处理能力的要求

降低对终端处理能力的要求主要是指降低对终端缓存大小的要求，在标准上的改动体现在处理具体的数据块时对网络侧有一定的调度限制。与限制终端的最大带宽不同，这里的限制是一个结合了终端带宽、终端可支持的最大MIMO层数、最大调制阶数的综合效果，最终呈现为对终端可处理的最大传输块的大小的限制。该方案带来的成本收益较小，在SI早期就被低优先级处理，最终也没有包含在WI的范畴内。

值得一提的是，在R17将要结束、R18开始立项讨论的过程中，产业界观察到了一些新的趋势，该方案又被重新提出，这其中的考量在第8章进行介绍。

5. 覆盖补偿

根据SI阶段的评估，终端减少最少Rx天线数和小型化设备中的天线损耗确实会带来下行覆盖的损失，主要体现在FR1初始接入阶段的下行信道包括用来调度Msg2、Msg4的PDCCH，以及承载Msg2、Msg4的物理下行共享信道（PDSCH）。其中，Msg2的损失可达6dB。但同时，参考文献[12]指出，SI阶段的下行覆盖损失评估没有考虑Msg2本身可适用的覆盖增强技术传输块大小（TBS）缩放因子，而这一手段是所有终端必选支持的技术方案，预估可以给终端带来额外3dB的覆盖提升。那么，进一步引入其他下行覆盖补偿技术方案的必要性就大大降低。同时，由于现网中下行信道通常都是过覆盖的，而在初始接入阶段，网络侧会考虑边缘用户做保守调度，使用低阶的调制编码方案（MCS），如MCS为0，下行覆盖一般能够满足接入需要。因此，下行覆盖就不再是WI阶段的工作目标。

上行传输的情况略有不同。一方面，在当前网络中，物理上行共享信道（PUSCH）等上行信道也经常成为网络覆盖的瓶颈。在RedCap终端小型化的情况下，上行传输同样会受到天线损耗的影响。虽然RedCap终端和eMBB终端相比，最少发射天线（Tx）数没有降低（也不可能进一步降低，eMBB终端的最少发射天线数已经是1），但上行传输对RedCap来说，依然可能成为覆盖的最大瓶颈。另一方面，在R17中，3GPP在代号为NR_cov_enh的另一个WI[13]中并行研究覆盖增强技术，聚焦于进一步提升终端的上行覆盖性能。显然，3GPP希望RedCap能够尽可能地重用这些技术方案来提升覆盖性能。这就是RedCap WID中仅仅描述了上行覆盖相关要求与R17并行的标准课题NR_cov_enh之间的关系，而没有单独为RedCap制定WI专属的覆盖补偿工作目标的原因。

6. 终端节能

在RedCap评估终端节能候选技术方案的同时，3GPP并行设立了针对一般eMBB终端用户的R17终端节能课题，代号为NR_UE_pow_sav_enh[14]。这是R16的WI NR_UE_pow_sav-Core的演进版本。显然，从协议改动和开发成本最小化的角度考虑，3GPP希望这些技术方案能为RedCap所用。除了RAN2已经在评估的如无线资源管理（RRM）测量放松和扩展的非连续接收（DRX）技术，物理层技术将以其他终端节能课题中普适的技术方案为基线，不再新增专属于RedCap的工作目标。

第2章

降低终端最大带宽

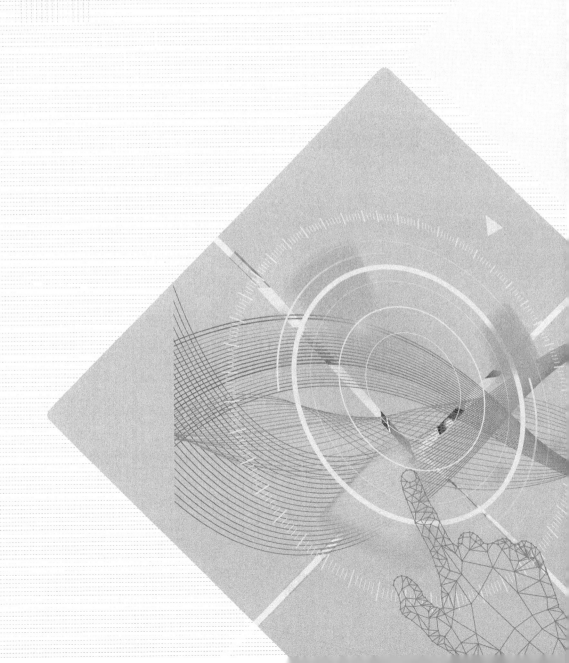

NR R17 RedCap SI阶段的评估结果表明，终端设备的射频（RF）和基带（BB）复杂度与终端设备所支持的最大带宽相关。对于RedCap的典型应用场景（如工业传感器、视频监控，智能可穿戴设备等），RedCap对数据传输的速率需求低于eMBB终端设备。因此，在满足终端设备在各应用场景下速率需求的同时，通过降低RedCap终端设备所支持的最大带宽，可实现终端设备复杂度的降低。

降低终端最大带宽有多种方法，可以按照上行传输带宽和下行传输带宽分别考虑，也可以按照控制信道带宽和数据信道带宽分别考虑，还可以按照射频带宽和基带带宽分别考虑。LTE R12阶段对LTE物联终端设备的带宽降低方法进行了详细分析，最终在LTE R13阶段确定降低LTE物联终端设备的RF带宽和BB带宽。借鉴LTE对物联终端设备的带宽降低研究，对R17 RedCap终端设备的RF带宽和BB带宽都进行降低是基本共识。

(•) 2.1 带宽降低分析

R17 RedCap在SI研究阶段主要考虑的带宽降低选项如下。

- FR1：20MHz。

- FR2：50MHz或100MHz。

5MHz和40MHz作为FR1潜在的带宽选项，标准上也对它们进行了讨论，但最终没有采用。复杂度降低的评估需要有对齐的参考基线，3GPP确定将NR eMBB终端的带宽配置作为参考基线。eMBB终端的带宽配置如下。

- FR1：上行和下行均为100MHz。

- FR2：上行和下行均为200MHz。

下面对终端带宽降低所带来的复杂度降低、带宽降低产生的性能影响、与传统终端的共存及标准化影响进行分析。

1. 复杂度降低分析

相比于参考基线的NR eMBB终端带宽配置，SI阶段的各公司评估的复杂度降低的平均结果：对于FR1，终端带宽从100MHz降低到20MHz，FDD的复杂度大约降低了32%，TDD的复杂度大约降低了33%；对于FR2，终端带宽从200MHz降低到100MHz和50MHz，终端复杂度分别降低约16%和23%。

复杂度降低的主要来源是基带的模数转换器/数模转换器（ADC/DAC）、基带快速傅里叶变换/逆快速傅里叶变换（FFT/IFFT）、基带FFT处理后的数据缓存、基带接收机处理模块、基带低密度奇偶校验码（LDPC）译码和基带的混合自动重传请求（HARQ）缓存。

2. 性能影响分析

（1）覆盖

虽然带宽降低会减少频率分集增益，导致些许覆盖损失，但R17 RedCap的带宽降低对NR下行信道和上行信道的覆盖影响较小。PDCCH需要考虑带宽降低之后是否能支持较高的聚合等级（AL），如AL 8和AL 16。对于FR1，20MHz带宽可以支持任意的控制信道资源集合0（CORESET#0）配置，从而能够支持AL 16。对于FR2，100MHz带宽也能支持任意的CORESET#0配置，所以也可以支持AL 16。若R17 FR2 RedCap终端的最大带宽降低到50MHz，CORESET#0配置为69.12MHz带宽时，带宽降低会对PDCCH的接收和覆盖产生影响，覆盖损失为1.5～3.0dB。

如果同步消息块（SSB）配置了240kHz 子载波间隔（SCS），终端带宽降低到50MHz，则PBCH覆盖损失大约为1dB。此外，如果CORESET#0的带宽配置为69.12MHz，将终端带宽降低到50MHz也可能会影响初始接入消息的接收，影响覆盖性能。

（2）网络容量和频谱效率

尽管频率选择性调度增益的降低可能会导致少量的性能损失，但在FR1系统中，终端设备的带宽降低不会对终端设备的容量和频谱效率产生显著影响。FR2系统应用了模拟波束成形，在这种情况下，终端带宽降低对容量和频谱效率的影响更加明显。此时，50MHz终端带宽的容量和频谱效率的损失将大于100MHz终端带宽的容量和频谱效率的损失。

（3）数据速率

带宽降低会导致峰值数据速率的降低。对于FDD，根据峰值数据速率的定义[15]，

RedCap的带宽选项（FR1为20MHz，FR2为50MHz或100MHz）均满足RedCap用例的峰值数据速率需求。对于TDD，因为上行发送和下行接收是时分复用，所以TDD系统的某些上下行帧结构配置无法满足RedCap的峰值数据速率需求。

（4）时延和可靠性

带宽降低的选项均可满足RedCap用例的时延和可靠性要求。对于FR2，若R17 RedCap的最大信道带宽是50MHz，SSB与CORESET#0在复用模式2和复用模式3的某些配置下，带宽会超出50MHz，导致终端需要更长的时间获取SSB和系统信息块1（SIB1）。为了减少SSB/SIB1的获取时间，标准上倾向FR2 RedCap终端的最大带宽是100MHz。

（5）PDCCH阻塞概率

网络根据RedCap终端能力配置相应的CORESET。如果RedCap和非RedCap终端共享有限的CORESET资源，会增加PDCCH调度的阻塞概率。显然，50MHz的FR2 RedCap终端的PDCCH阻塞概率会高于100MHz的FR2 RedCap终端的阻塞概率。

3. 共存分析

通常来说，FR1终端的20MHz和FR2终端的100MHz等终端带宽选项可实现与传统终端的良好共存。

（1）FR1终端的20MHz带宽选项允许RedCap终端复用现有获取SSB、SIB1、其他SIB、随机接入响应（RAR）和Msg4的流程。

（2）FR2终端的100MHz带宽选项在采用SSB/CORESET复用模式1时，与FR1具有相同的共存优势。在采用SSB/CORESET复用模式2和复用模式3时，终端可以使用时分方式获取SSB和SIB1。此时，RedCap终端时分接收SSB/SIB1并不会影响传统终端的性能。

（3）如果FR2 CORESET#0的带宽配置为69.12MHz，将FR2的终端带宽降低到50 MHz将会损失终端在CORESET#0中传输的PDCCH的接收覆盖性能。在这种情况下，如果对PDCCH进行覆盖补偿（如使用更大的聚合级别），则CORESET#0中传输的PDCCH容量可能又会受到影响，从而影响传统终端的PDCCH接收。此外，如果gNB未能在随机接入过程中提前识别出RedCap终端，gNB就需要在50MHz带宽内调度SIB、RAR和Msg4的PDSCH等公共信息，这样也将对传统终端产生影响。

如果RedCap和eMBB终端在初始接入过程中共享相同的初始下行BWP和初始上行BWP，并且网络中的RedCap终端数量很多，gNB可能需要使用一些手段（如接入控制）来避免高负载及配置限制（如RACH时机配置）导致的拥塞。

4. 标准化影响分析

使用FR1 20MHz和FR2 100MHz的UE带宽降低选项，对3GPP标准化设计的影响较小。例如，通过正确配置RRC参数和支持RedCap终端的提前识别，网络可能会实现在少量甚至没有协议影响的情况下支持RedCap终端的带宽减小。但是为了解决前述的性能影响及共存影响，可能需要进行一些标准化工作。

2.2 带宽降低带来的问题与解决方案

RedCap的应用场景广泛，不仅包括固定的终端设备（如视频监控设备），也包括有移动性需求的终端设备（如可穿戴设备）。但在应用初期，网络中RedCap终端设备的数量较少，考虑到成本等因素，运营商很可能不会为RedCap搭建专网。因此，RedCap需要接入现有网络，即和non-RedCap终端设备（包括R15/R16/R17中不支持RedCap特性的终端设备）在网络中共存。因此，在标准上，一方面需要分析RedCap终端设备对网络和non-RedCap终端设备的影响，另一方面需要分析RedCap终端在共存场景下遇到的问题，从而确定需要为RedCap终端做哪些增强。

1. 共存场景下RedCap终端设备对网络和non-RedCap终端设备的影响

现有技术中，网络设备在系统消息中为终端设备配置初始上行BWP（Initial UL BWP）和初始下行BWP（Initial DL BWP），以用于随机接入过程、寻呼等信息的传输。因为FR1 non-RedCap终端设备可支持的最大带宽为100MHz，所以网络设备可以将初始BWP的带宽配置在载波范围内的任意位置，配置为任意大小。而当网络中还存在RedCap终端设备时，网络设备为了保证上下行传输信号在终端设备支持的带宽范围内，就需要限制网络设备配置的初始上/下行BWP不大于RedCap终端设备支持的带宽范围，即在FR1时，不大于20MHz。这样也就限制了non-RedCap终端设备的资源配置，降低了频率分集的增益。

随着网络中RedCap终端设备数量的增加，网络中non-RedCap终端设备的性能（速率、可靠性等）也可能受到影响。例如，NR R15/R16标准中，初始接入过程中下行控制信息在CORESET#0传输，而CORESET#0可支持同时传输的下行控制信道候选数量有限（聚合级别16的信道候选数量为1；聚合级别8的信道候选数量为2；聚合级别4的信道候选数量为4）。如果同时需要接入网络的终端设备数量远超过控制信道承载的信息数量，就会导致部分终端设备接入失败或接入时延增加。再例如，NR R15/R16标准规定的随机接入前导序列最多有64个，随着同时接入网络的终端设备数量的增加，不同终端设备选择相同随机接入前导序列而产生碰撞的概率就会增加。

综上所述，RedCap终端设备的引入可能会对网络中non-RedCap终端设备性能产生影响，进而影响网络的整体容量。因此，应该允许网络设备可以根据网络容量、调度策略等合理分配网络资源给RedCap终端设备及non-RedCap终端设备。这也是后面在RedCap设计中引入提前识别及接入控制策略的原因。

2. RedCap终端在共存场景下遇到的问题

3GPP标准主要以FR1为主进行讨论、设计，因此下面也以FR1为例进行描述。

标准设计的原则是最大可能地复用R15/R16的设计，因此在WI的初期，便形成了如下结论。

（1）支持RedCap终端在带宽允许的情况下与non-RedCap终端共享SSB和CORESET#0。

（2）当non-RedCap的初始下行BWP带宽不超过RedCap终端带宽时，RedCap终端可以使用相同的初始下行BWP。

（3）当non-RedCap的初始上行BWP带宽不超过RedCap终端带宽时，RedCap终端可以使用相同的初始上行BWP。

由于在连接态配置的非初始上行或非初始下行BWP是网络设备针对每个终端独立配置的，因此在配置时限制其带宽不能大于RedCap终端的最大带宽。

但是对于初始下行BWP和初始上行BWP，当RedCap终端与non-RedCap终端在同小区共存时，情况会有所不同。这是由于初始下行BWP和初始上行BWP均是小区级别统一配置的。

在初始接入过程中，FR1 RedCap终端支持的最大带宽为20MHz。基于在参考文献[16]中的描述，即使在SIB1中配置了初始下行BWP，终端仍会使用CORESET#0进行传输，直到RRC连接建立。而CORESET#0的带宽不会超过20MHz，因此，在初始下行BWP上没有共存问题。

对于初始上行BWP则不然。初始上行BWP是在SIB1中进行配置的，相应的PRACH配置也包括在SIB1中。初始上行BWP可以在随机接入过程中使用，而non-RedCap终端的初始上行BWP带宽可以超过20MHz。如果RedCap复用non-RedCap终端的初始上行BWP，将产生一系列的共存问题，包括RACH、Msg3、物理上行控制信道（PUCCH）等的传输带宽均可能超过RedCap的最大带宽，具体的标准讨论将在接下来的章节介绍。

2.2.1 RACH的共存问题

RedCap终端支持的最大信道带宽为20MHz，意味着这类终端在初始接入阶段和连接建立之后均只能工作在最大20MHz的带宽范围内。当RedCap终端和non-RedCap终端在同一个网络中共存时，按照NR R15/R16协议，网络可以为non-RedCap终端配置一个大于20MHz的初始上行BWP及相应的PRACH资源。基于表2-1的计算，在网络配置了8个频分复用（FDM）的随机接入信道机会（RO）的情况下，RO带宽可能大于RedCap终端带宽的20MHz，这将导致对应不同SSB索引的RO无法位于同一个终端的20MHz带宽内，即终端支持的带宽范围不能包括所有的RO。

表2-1　RO带宽计算

随机序列长度	随机序列载波间隔（kHz）	PUSCH载波间隔（kHz）	占用PUSCH RB数量	单个RO对应带宽（kHz）	8FDM带宽（kHz）
839	1.25	15	6	1080	8640
839	1.25	30	3	1080	8640
839	1.25	60	2	1440	11520
839	5	15	24	4320	34560
839	5	30	12	4320	34560
839	5	60	6	4320	34560
139	15	15	12	2160	17280
139	15	30	6	2160	17280

续表

随机序列长度	随机序列载波间隔（kHz）	PUSCH载波间隔（kHz）	占用PUSCH RB数量	单个RO对应带宽（kHz）	8FDM带宽（kHz）
139	15	60	3	2160	17280
139	30	15	24	4320	34560
139	30	30	12	4320	34560
139	30	60	6	4320	34560

为了解决上述问题，标准中讨论了如下一些解决方案。

选项1：采用RF调谐方式

当终端发现其选择的PRACH资源不在当前工作带宽范围之内时，可调整射频中心频点，使带宽内包含该PRACH资源。但RF调谐的时间可能导致需要延长PRACH到随机接入响应（RAR，即Msg2）的时间。另外，频繁的调谐也不利于终端复杂度和能耗的降低。对于TDD系统，如果下行不随上行进行射频调谐，还会导致上下行中心频点不能对齐。而且，调谐的定义、取值等还会涉及无线接入网第四工作组（RAN4）相关的工作。

选项2：为RedCap终端配置专属的初始上行BWP

为RedCap终端配置专属（独立）的初始上行BWP及相应的PRACH资源，以保证随机接入资源始终位于RedCap终端的带宽内。标准的讨论包括：引入一个还是多个专属的初始上行BWP；TDD系统可能会存在上行BWP和下行BWP中心频点不对齐的情况；是否为RedCap配置专属的PRACH资源；配置专属资源后，gNB处理复杂度增加，例如，需要维护两个不同的初始上行BWP（RedCap和non-RedCap各一个）等。此外，还有RedCap导致的non-RedCap上行传输资源碎片化问题，将在2.2.3节详细介绍。

选项3：限制gNB的配置

限制PRACH的序列长度，或限制频分复用的RO的数量等，以保证频域上RO的带宽之和不大于RedCap终端支持的最大带宽。但在共存时，这种方式会导致PRACH的容量受限，增加non-RedCap终端随机接入冲突的概率。

选项4：对RedCap终端进行专属的PRACH配置

例如，对RedCap终端进行专属的PRACH配置可以很好地解决PRACH资源超出RedCap带宽的问题。但有些公司认为，专属资源的配置增加了上行资源开销，导致资源利用效率下降；同时，增加了gNB资源分配和处理的复杂度。该选项比选项2的灵活性差。

上述问题和解决方案的讨论前提是出现了网络为non-RedCap终端配置的初始上行BWP带宽大于RedCap终端的最大带宽的场景，因此，标准需先明确这种场景是否存在。3GPP RAN1#104b次会议讨论了初始接入阶段及初始接入之后，是否允许网络中该场景的出现，讨论中出现如下三种选项。

选项1：允许以上场景出现，并且RedCap终端可以和non-RedCap终端使用相同的上行BWP，即RedCap可以支持工作在初始上行BWP带宽大于其最大带宽的场景。

选项2：允许以上场景出现，但是网络要为RedCap终端配置一个专属的初始上行BWP，以保证其初始上行BWP带宽不大于RedCap终端的带宽。

选项3：不允许以上场景出现，即RedCap终端不支持工作在初始上行BWP带宽大于其最大带宽的场景。

选项1意味着终端可能需要采用RF调谐的方式工作。选项2易于实现，通过配置专属的BWP，既不会限制non-RedCap终端的初始上行BWP带宽，又保证了RedCap终端的工作带宽在其最大带宽范围之内。选项3通过限制RedCap终端与non-RedCap终端共存时的网络配置，也能保证不会出现RedCap终端工作在BWP带宽超出其最大带宽的场景。但这种方式为网络带来了不必要的限制，尤其是在现网中，通常网络部署已经存在大量的non-RedCap终端，形成了相对应的参数配置，如果因RedCap终端的引入而改变网络的参数配置，会对网络产生较大影响，所以不推荐这个选项。

从上述解决方案的选项和对场景支持的选项中可以看到，解决方案及场景的选项1和选项2之间存在一一对应关系，因此，这些问题在后续进行了统一讨论。

由于RF调谐的方式对终端的影响较大，同时也涉及调谐时间对上/下行调度、反馈时隙偏移量等的影响，因此，最终场景选项2在RAN1#105次会议上获得通过，即在初始接入期间及初始接入之后，都允许non-RedCap终端的初始上行BWP带宽大于RedCap终端的最大带宽。这次会议上对于解决共存问题的解决方案也形成了工作假设（工作假设是在3GPP会议讨论中一种获得大部分公司同意，但尚存在一些争议的结论形式，通常会在接下来的会议中进行确认，如果争议能够解决，在下次会议中能够形成一致意见，则会被确认，成为会议结论）：在初始接入期间和初始接入之后，针对网络为non-RedCap终端配置的初始上行BWP带宽大于RedCap终端最大带宽的场景，网络应为RedCap终端配置一个不大于其最大带宽能力的专属初始上行BWP。

在专属BWP的讨论过程中，有公司从运营商的角度还提出一种负载分流的场景：即使non-RedCap终端的初始BWP带宽不大于20MHz，考虑到空闲态的终端均工作在以CORESET#0带宽定义的初始下行BWP上，且SIB1消息、寻呼消息均会在该BWP上发送，同时non-RedCap终端的初始接入也需要在初始上行BWP上进行；当两种类型终端共享初始上行或者下行BWP时，有可能出现初始接入及传输的拥塞，因此，建议将专属BWP作为一种容量扩展和分流的方案。这种场景在RAN1#105次小组会上形成了相应的工作假设：在初始接入期间和初始接入之后，在non-RedCap终端的初始上行带宽不大于RedCap终端最大带宽的场景下，网络也可以为RedCap终端配置一个专属的初始上行BWP。

总之，对于网络配置的non-RedCap终端的初始带宽大于20MHz的情况，网络会为RedCap终端配置专属的初始上行BWP。对于网络配置的non-RedCap终端的初始带宽不大于20MHz的情况，网络也可以为RedCap终端配置专属的初始上行BWP。

相应地，如何使不同SSB索引对应的RO均位于终端可支持的最大带宽范围内的问题，也可以通过配置专属的初始上行BWP解决。标准规定，在专属初始上行BWP上的RO可以是为RedCap配置的，也可以是RedCap终端与non-RedCap终端共享的。

另外，在标准讨论的过程中，也出现过其他观点，如不同RedCap终端，甚至不同SSB索引关联的RO对应的初始上行BWP不同。如图2-1所示，当频分复用（FDM）的RO的总带宽超出了RedCap终端的最大带宽，通过将初始上行BWP与RO关联的SSB索引建立关系，如SSB0、SSB1、SSB2、SSB3对应初始上行BWP1，SSB4、SSB5、SSB6、SSB7对应初始上行BWP2，终端通过选择不同的SSB索引来确定不同的初始上行BWP，从而实现与传统终端PRACH资源的复用。当然每个SSB索引也可以对应不同的初始上行BWP，即8个SSB对应8个不同位置的初始上行BWP。但最终为了简化设计，确定所有的RedCap终端共享一个公共的专属初始上行BWP。

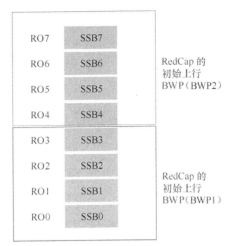

图2-1 不同的SSB与不同的专属初始上行BWP对应

2.2.2 初始接入阶段PUCCH和PUSCH的传输问题

除了PRACH是在初始上行BWP中传输的，Msg3/MsgA PUSCH（在两步RACH流程中，在发送PRACH之后，UE会相应地在有效的PUSCH时机上发送PUSCH，这个PUSCH称为MsgA PUSCH）的传输也是基于初始上行BWP进行调度的。因此，在网络为non-RedCap终端配置的初始上行BWP带宽大于RedCap终端最大带宽的情况下，如果RedCap终端与non-RedCap终端共享相同的初始上行BWP，则会存在如下问题。

（1）RedCap的上行Msg3/MsgA PUSCH调度传输有可能超出RedCap终端的最大带宽。

（2）现有协议规定，PUCCH在初始接入之前需进行跳频传输，两跳传输的位置分别在初始上行BWP的两端。因此，会出现PUCCH传输带宽超出RedCap终端最大带宽的情况。

与上一节如何保证RO位于RedCap终端带宽内的讨论类似，为保证初始接入阶段用于传输Msg4/MsgB（对应于两步RACH过程中UE发送完PRACH及PUSCH之后接收的基站响应信息）的HARQ反馈的PUCCH及Msg3/MsgA PUSCH均位于RedCap终端的最大带宽内，有如下4种选项。

选项1：RF调谐。

对于PUCCH传输，两跳传输之间需要进行调谐时，一些用于传输PUCCH的符号会被用于调频而无法用于传输，从而导致PUCCH的解调性能变差，PUCCH的覆盖率降低。此外，调谐需要占用的符号数量也需要进行标准的讨论和定义。而且在TDD系统下，也需要考虑上下行中心频点不对齐的问题（仅调整上行发送的中心频点，而下行的中心频点不随之调整会导致上下行中心频点不对齐）。

类似地，RF调谐的时间需占用终端进行PUSCH传输的时间，由此可能会导致PUSCH传输解调性能的降低。

选项2：为RedCap配置专属的初始上行BWP。

选项2的问题是专属资源需要在SIB1中进行指示，这会导致SIB1开销增加；网络需要维护两个初始上行BWP（RedCap和non-RedCap各一个）；TDD系统可能存在上/下行BWP中心频点不对齐情况，以及上行传输资源的碎片化问题。但随着讨论的深入，各公司逐渐认为较其他方案带来的问题，这些问题相对容易解决。

选项3：为RedCap终端引入单独的PUCCH、Msg3/MsgA PUSCH的配置或者指示，或者RedCap终端和non-RedCap终端对相同的配置/指示信息有不同的解读。

选项3的灵活性比选项2差，也同样存在指示开销的问题。另外，基站需要提前识别出RedCap终端进行匹配的指示，也需要为RedCap终端定义新的跳频模式。而且，选项3也存在资源碎片化等问题，最终未被标准采纳。

选项4：通过基站配置。

例如，限制初始上行BWP的带宽总是不大于RedCap终端的最大带宽，或者限制Msg4/MsgB HARQ反馈和Msg3/MsgA PUSCH的频域资源位置及调度的资源数量等。

为了保证RedCap终端的正常接入而限制为non-RedCap终端配置的资源，有可能影响non-RedCap终端的性能，降低网络的容量。另外，该选项同样存在上行PUSCH资源碎片化的问题。因此，这种方式也不被推荐。

由于标准先讨论了RACH的问题，并在RAN1#105次会议上形成结论：当non-RedCap终端的初始BWP带宽大于RedCap终端的最大带宽时，网络为RedCap终端配置一个专属的初始上行BWP。因此，多数公司倾向于采用与RACH一致的设计来解决该问题。

最终在RAN1#105次会议上，通过工作假设：为保证Msg4/[MsgB]的HARQ反馈和Msg3/[MsgA]的PUSCH传输位于RedCap终端的最大带宽内，支持为终端配置一个带宽不大于其最大带宽的专属上行BWP。这里将MsgB和MsgA放在中括号里表示对于这两个信号的处理存在一些疑虑，有待进一步讨论确认。

2.2.3 资源碎片化

在为RedCap配置专属的初始上行BWP的解决方案及引入RedCap专属PUCCH资源配置或解读时，都提到了一个潜在的问题：RedCap可能会引起non-RedCap终端上行PUSCH资源的碎片化，本节详细介绍这个问题。

NR R15/R16协议中，初始上行BWP中可配置小区级的公共资源，用于随机接入过程的传输，具体如下。

（1）公共物理上行控制信道（common PUCCH）

RRC配置之前，承载下行反馈信息的PUCCH资源使用的是SIB中配置的小区级公共资源；而且，承载Msg4/MsgB的HARQ反馈的PUCCH按照NR R15/R16协议，默认采用跳频方式传输。因此，跳频传输中两跳的频域资源分别位于初始上行BWP的两端。

（2）物理随机接入信道（PRACH）

随机接入过程中，PRACH资源是网络设备为终端设备配置的周期性资源，其频域资源也在初始上行BWP范围内。

（3）物理上行共享信道（PUSCH）

网络设备对PUSCH的调度可在初始上行BWP内灵活分配资源的位置。

峰值速率是终端性能的关键指标。在FR1中，non-RedCap终端设备支持的最大信道带宽可达100MHz，因此可支持较高的峰值速率。RedCap 终端设备和non-RedCap终端设备共存时，RedCap终端设备发送的上行信号可能导致non-RedCap终端设备上行发送的资源产生碎片化问题。例如，当RedCap终端设备和non-RedCap终端设备共享相同的载波资源时，如果RedCap终端设备的BWP被配置在载波的中间位置，就可能导致出现如图2-2所示的non-RedCap终端设备的连续载波资源被分割成多段的情况。最严重的情况下，non-RedCap终端设备可分配的最大连续资源会从100MHz降低到40MHz，峰值速率降低60%。其中一种解决方式是将专属初始上行BWP配置在载波的边缘位置，这样能够留给non-RedCap终端尽可能连续的频域资源。但如前所述，初始接入阶段的PUCCH是默认采用跳频传输的，即只要有用户进行初始接入，那么在专属初始上行BWP的两端都会存在PUCCH的传输，此时即使RedCap终端仅占用了少量的资源进行上行数据传输，由于载波的资源被位于专属初始上行BWP靠近载波一侧的跳频PUCCH分割，因此，专属初始上行BWP内的资源无法连同其他位置的上行资源一起被只支持连续资源调度的non-RedCap终端使用。

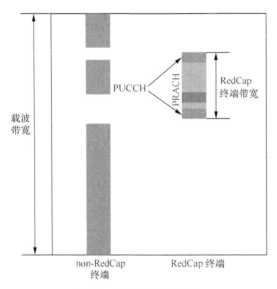

图2-2 资源碎片化问题

资源碎片化的问题是随着专属初始上行BWP的引入而出现的，既然PUCCH跳频导致了资源的碎片化，最直观的解决方式是把跳频功能去使能，但不一定在所有场景下都有去使能的需求。例如，当前网络中，终端如果在上行高速率传输时均切换到正交频复用（OFDM）方式下，则此时不受连续资源调度的限制。因此，考虑到PUCCH跳频可以获得频域分集增益，增强PUCCH的检测性能，提升上行PUCCH覆盖等优势，在RAN1#106b次会议上形成会议结论：在为RedCap配置了专属初始上行BWP的情况下，网络可以使能或者去使能在专属初始上行BWP内的PUCCH的时隙内跳频，该方式适用于RedCap的Msg4/MsgB的HARQ反馈的PUCCH传输。

在标准讨论的后期,还涉及是否将去使能PUCCH跳频的功能应用到RedCap终端和non-RedCap终端共享的初始BWP内,但绝大多数公司都认为当RedCap与non-RedCap共享初始BWP时,应该遵守传统终端的方式,即采用跳频传输。因为共享的初始BWP带宽一定不大于RedCap终端的最大带宽,且non-RedCap终端会在其中进行PUCCH跳频传输,所以RedCap终端的存在并不会引入额外的PUSCH资源碎片。在RAN1#108次会议上达成会议结论:去使能RedCap终端的公共PUCCH跳频传输,仅适用于专属初始上行BWP,而不适用于共享的初始上行BWP。

在专属上行BWP上去使能公共PUCCH跳频传输这一结论达成一致后,3GPP标准的制定还涉及关于PUCCH资源如何映射的问题,如下所述。

(1)所有的PUCCH资源均映射到BWP的一侧?还是可以部分资源映射到一侧,其他资源映射到另一侧?

(2)去使能跳频后的RedCap终端的PUCCH如何与non-RedCap终端的跳频PUCCH进行复用?

针对第一个问题,多数公司认为在去使能跳频的情况下,PUCCH资源应映射到专属初始上行BWP的一侧,如图2-3所示。例如,当专属初始上行BWP与non-RedCap终端的初始上行BWP上边缘对齐时,16个公共PUCCH资源可以映射到专属初始上行BWP上边缘;当专属初始上行BWP与non-RedCap终端的上行BWP下边缘对齐时,16个公共PUCCH资源可以映射到专属初始上行BWP的下边缘,由此避免了资源碎片化的问题。

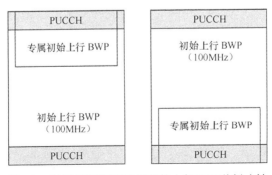

图2-3 PUCCH资源在专属初始上行BWP单侧映射

标准讨论的过程中也有公司支持将16个公共PUCCH资源分别映射到专属初始上

行BWP的两侧。如图2-4所示，当专属初始上行BWP与non-RedCap终端的初始上行BWP上边缘对齐时，8个公共PUCCH资源映射到BWP的上边缘，8个公共PUCCH资源映射到BWP的下边缘。该方案可以动态地确定传输PUCCH的传输资源是在BWP的上边缘还是下边缘，增加了频选调度增益，但也带来了潜在的PUSCH分割问题。最终，大部分公司认为单侧映射符合去使能PUCCH跳频传输的初衷，因此标准仅支持了单侧映射。进一步说，PUCCH资源映射到专属初始上行BWP的哪一侧是通过系统消息块（SIB）配置的。

图2-4　PUCCH资源在专属初始上行BWP双侧映射

关于上述第二个问题，主要需要解决初始接入期间的PUCCH复用问题。

初始接入期间，终端可用的PUCCH格式为格式0或格式1。其中，PUCCH格式0的基序列按照频域升序映射。跳频传输时同一小区的PUCCH第一跳基序列相同，第二跳基序列相同，两跳基序列可能不同，而非跳频传输时仅使用一个基序列。跳频传输和非跳频传输时的基序列不同/不正交。如图2-5所示，RedCap终端使用的非跳频PUCCH3与non-RedCap终端使用的PUCCH1第一跳和PUCCH2第二跳占用相同的时频域资源，而按照现有协议无法保证非跳频PUCCH3的基序列与PUCCH1第一跳和PUCCH2第二跳的基序列正交，这将导致基序列相互干扰而降低解调性能。PUCCH格式0通过基序列的不同初始循环移位进行多用户复用。PUCCH格式1的基序列按照频域升序映射，因此也存在跳频和不跳频时基序列不正交的问题。进行时域的多用户复用还可以在时域多个符号上配置不同的正交序列，但初始接入期间PUCCH格式1使用的时域正交序列0，是一个全1的序列，因此不会通过时域正交序列进行复用。

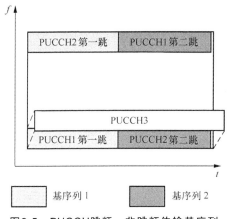

图2-5　PUCCH跳频、非跳频传输基序列

连接态non-RedCap也可以去使能PUCCH跳频，非跳频PUCCH与跳频PUCCH的复用问题可以通过配置不同物理资源块（PRB）使其在频域资源位置上正交来解决。

各公司从基序列、初始循环移位、PRB映射的角度提出以下三种复用方法。

方法1：PUCCH非跳频传输时，配置2个基序列，基站指示两个基序列对应的时域位置。

例如，为图2-5中非跳频的PUCCH3配置2个基序列，基站指示PUCCH3的两个基序列对应的起始符号分别与PUCCH1的第一跳和PUCCH2的第二跳起始符号相同，从而使两个基序列各自正交。

方法2：非跳频PUCCH和跳频PUCCH配置不同初始循环移位。

PUCCH格式0和格式1除了通过基序列正交方法进行复用，还可以通过配置不同初始循环移位使非跳频PUCCH和跳频PUCCH复用，由于初始循环移位数量有限，因此可复用用户数量有限。

方法3：非跳频PUCCH通过不同PRB与跳频PUCCH正交。

大部分公司认为通过调度PUCCH的频域位置足以保证非跳频PUCCH与跳频PUCCH正交，标准最终采用了方法3。去使能Msg4/MsgB的HARQ PUCCH时隙内跳频需要重新设计RedCap非跳频PUCCH的PRB映射位置，以保证相同小区内非跳频PUCCH与跳频PUCCH通过PRB错开，相邻小区间非跳频PUCCH与跳频PUCCH也通过PRB错开。

现有协议通过SIB1的pucch-ResourceCommon指示了16个公共PUCCH资源，用于初始接入期间和初始接入后但未配置专用PUCCH时使用，PUCCH资源序号小于8时的第一跳PRB位置是 $RB_{\text{BWP}}^{\text{offset}} + \lfloor r_{\text{PUCCH}}/N_{\text{CS}} \rfloor$，第二跳PRB位置是 $N_{\text{BWP}}^{\text{size}} - 1 - RB_{\text{BWP}}^{\text{offset}} - \lfloor r_{\text{PUCCH}}/N_{\text{CS}} \rfloor$，PUCCH资源序号大于8时的第一跳PRB位置是 $N_{\text{BWP}}^{\text{size}} - 1 - RB_{\text{BWP}}^{\text{offset}} - \lfloor (r_{\text{PUCCH}} - 8)/N_{\text{CS}} \rfloor$，第二跳PRB位置是 $RB_{\text{BWP}}^{\text{offset}} + \lfloor (r_{\text{PUCCH}} - 8)/N_{\text{CS}} \rfloor$。去使能PUCCH时隙内跳频的每个PUCCH的PRB位置可由网络配置位于专属初始上行BWP某一侧，PRB具体位置可复用现有公式得到。具体的配置方式和映射方式见2.3.2节。

2.2.4 小结

网络中引入RedCap终端设备后，一方面会对原有网络和non-RedCap终端产生影响，另一方面会改进RedCap终端的工作流程。于是，在标准讨论的过程中，引入了专属初始上行BWP以减少对传统网络及终端的性能影响，同时保证RedCap终端在共存网络中能够正常工作。引入专属初始上行BWP有如下好处。

（1）减小上行资源碎片化的影响

如果RedCap终端设备的初始上行BWP被配置在靠近载波边缘的位置，就可以最大限度减少对载波资源的切割，从而减小资源碎片化的影响，避免当RedCap终端设备和non-RedCap终端设备共享初始BWP资源时，non-RedCap终端设备只能在载波边缘进行接入，影响了网络设备资源调度的灵活性。

（2）避免带宽限制

当RedCap终端设备和non-RedCap终端设备共享初始BWP资源时，网络设备为了使两类终端设备都能够顺利接入网络，只能按照支持较小信道带宽的RedCap终端设备进行资源分配，限制了网络设备资源调度的灵活性和频率分集的增益。通过引入专属初始上行BWP，可以避免对non-RedCap终端的初始上行BWP带宽的配置限制。

（3）减小性能影响

考虑海量RedCap终端设备对non-RedCap终端设备性能的影响，尤其是对初始接入过程中的资源调度的影响，引入专属初始上行BWP可用于分流RedCap终端设备在随机接入过程中需要传输的信息，避免non-RedCap终端设备在时延、可靠性等方面受到影响。

2.3 专属初始上行BWP

2.2节中介绍了引入初始上行BWP过程中的一些讨论,下面系统地介绍专属初始上行BWP的标准配置。

2.3.1 专属初始上行BWP的配置和使用

网络设备可以在系统消息块1(SIB1)中为RedCap终端设备配置专属初始上行BWP的各种信息,如BWP的带宽、位置等。引入专属初始上行BWP的主要原因之一是避免资源碎片化的影响,使网络设备可以将RedCap终端设备的初始上行BWP配置在载波的边缘位置,如图2-6所示。但标准上也没有限制专属初始上行BWP位置的选取范围,网络设备可以在载波范围内灵活地配置其资源位置。

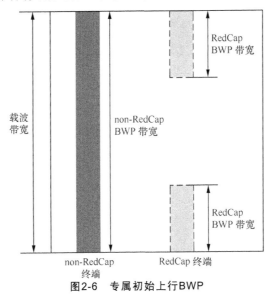

图2-6 专属初始上行BWP

如果在SIB1中没有配置RedCap终端设备的专属初始上行BWP的信息,则意味着RedCap终端设备会和non-RedCap终端设备共享相同的带宽资源。

当non-RedCap终端设备的初始上行BWP带宽不大于RedCap终端设备可支持的信

道带宽时，网络设备可以选择是否为RedCap终端设备配置专属的初始上行BWP。但当non-RedCap终端设备的初始上行BWP带宽大于RedCap终端设备可支持的信道带宽时，网络设备一定要为RedCap终端设备配置专属的初始上行BWP。这主要是因为标准中不希望对non-RedCap终端设备的BWP带宽进行限制，同时也不希望因为RedCap终端设备需要工作在大于其信道带宽的BWP上而使标准化受到影响。

专属初始上行BWP是在SIB1消息中配置的，因此可以用于随机接入过程中的上行传输，包括Msg1、Msg3及RRC连接建立之后的上行数据传输。

2.3.2　Common PUCCH去使能跳频

RedCap终端设备的PUCCH发送可能导致出现上行资源碎片化问题，尤其是RRC配置用户专属PUCCH之前的公共PUCCH资源。由于传统Msg4/MsgB的PUCCH使能跳频传输，且两跳的频域资源分别在初始上行BWP的两侧，因此，即使初始上行BWP配置在载波的边缘，在FR1时也可能由于non-RedCap终端设备载波被边缘RedCap BWP的PUCCH资源碎片化，最大连续可分配资源为80MHz，如图2-7（a）所示。因此，R17 RedCap允许网络设备在SIB消息中配置Msg4/MsgB的PUCCH去使能跳频传输，且16个资源全部映射到BWP的一侧，如图2-7（b）所示。

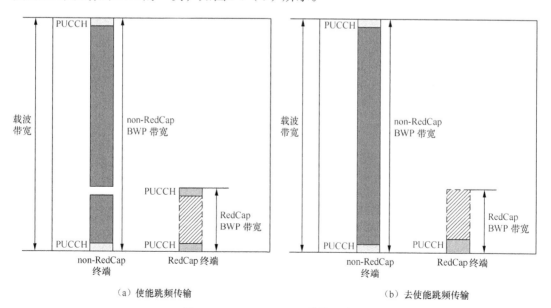

（a）使能跳频传输　　　　　　　　（b）去使能跳频传输

图2-7　RedCap PUCCH传输示意图

如果网络设备没有为RedCap终端设备配置专属的初始上行BWP,则RedCap终端设备和non-RedCap终端设备会共享初始上行BWP资源,即non-RedCap终端设备的初始上行BWP带宽不大于RedCap终端设备支持的最大信道带宽。而non-RedCap终端设备的Msg4/MsgB的PUCCH是始终跳频的,此时网络设备可能认为资源碎片化的问题不需要处理,或者载波带宽本身就不大于RedCap终端设备支持的最大信道带宽,也就没有资源碎片化的问题。因此,在这种共享初始上行BWP的情况下,网络设备不支持去使能PUCCH的跳频传输。

因为公共PUCCH可用于承载Msg4/MsgB的HARQ反馈信息,所以需要在此反馈信息传输之前通知RedCap终端设备特有的信息。标准中也讨论过是否在调度Msg4/MsgB的下行控制信息中指示是否使能跳频传输,但考虑信令开销和简化设计,最终确定公共PUCCH的配置信息均包括在SIB1中,包括以下信息。

（1）是否使能跳频传输

若RedCap终端设备被配置了专属的初始上行BWP,则网络设备可以去使能公共PUCCH的跳频传输。

（2）资源集合索引

SIB1中可以为RedCap终端设备配置专属的PUCCH公共资源集合,PUCCH公共资源集合（即参考文献[17]中表9.2.1-1中不同索引对应的资源）如表2-2所示;也可以不配置独立的资源集合,此时RedCap终端设备和non-RedCap终端设备共享相同的PUCCH资源。例如,non-RedCap终端设备的资源集合索引配置为8,其在BWP内的起始PRB索引值（$RB_{\text{BWP}}^{\text{offset}}$）为0;RedCap终端设备的资源集合索引配置为10,其在BWP内的起始PRB索引值（$RB_{\text{BWP}}^{\text{offset}}$）为4;non-RedCap终端设备和RedCap终端设备的资源在频域不重合,可避免相互干扰。

表2-2　PUCCH公共资源集合

索引	PUCCH格式	起始符号	长度（符号）	起始PRB索引（$RB_{\text{BWP}}^{\text{offset}}$）	初始循环移位索引集合
0	0	12	2	0	{0, 3}
1	0	12	2	0	{0, 4, 8}
2	0	12	2	3	{0, 4, 8}
3	1	10	4	0	{0, 6}
4	1	10	4	0	{0, 3, 6, 9}

续表

索引	PUCCH格式	起始符号	长度（符号）	起始PRB索引（RB_{BWP}^{offset}）	初始循环移位索引集合
5	1	10	4	2	{0, 3, 6, 9}
6	1	10	4	4	{0, 3, 6, 9}
7	1	4	10	0	{0, 6}
8	1	4	10	0	{0, 3, 6, 9}
9	1	4	10	2	{0, 3, 6, 9}
10	1	4	10	4	{0, 3, 6, 9}
11	1	0	14	0	{0, 6}
12	1	0	14	0	{0, 3, 6, 9}
13	1	0	14	2	{0, 3, 6, 9}
14	1	0	14	4	{0, 3, 6, 9}
15	1	0	14	$\lfloor N_{BWP}^{size}/4 \rfloor$	{0, 3, 6, 9}

（3）PRB从BWP的哪一侧开始映射

网络设备可以灵活地将初始上行BWP配置在载波的上边缘或下边缘，相应地，网络设备还可以配置16个PUCCH资源映射到BWP内的上边缘或下边缘，PUCCH资源映射示意图如图2-8所示。当RedCap终端设备的初始上行BWP被配置在载波的上边缘时，网络设备可以配置RedCap终端设备的PUCCH资源也映射到BWP内的上边缘，如图2-8（a）所示；当RedCap的初始上行BWP被配置在载波的下边缘时，网络设备可以配置RedCap终端设备的PUCCH资源也映射到BWP内的下边缘，如图2-8（b）所示。

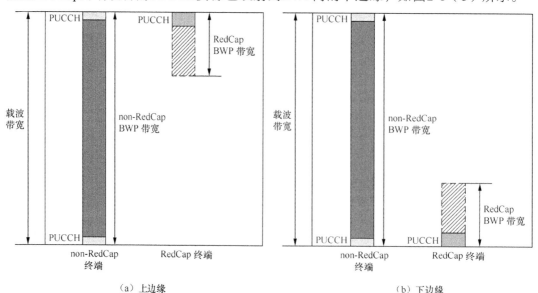

（a）上边缘　　　　　　　　　　　　　　（b）下边缘

图2-8　PUCCH资源映射示意图

（4）额外的资源偏移值

虽然网络设备可以为RedCap终端设备和non-RedCap终端设备配置不同的资源集合索引以避免两类终端设备相互干扰，但$RB_{\mathrm{BWP}}^{\mathrm{offset}}$只能取0、2、3、4这4个值。non-RedCap终端设备的16个PUCCH资源的频域资源位于终端设备的BWP两侧，在终端设备的BWP一侧资源数可以为2、3或4。表2-3中还计算了non-RedCap终端设备各资源集合在BWP一侧所占资源的结束PRB索引，其中最大值为6。可见，仅仅通过不同的资源集合索引无法保证这两类终端设备的PUCCH频域资源不重叠，因此，标准为RedCap终端设备的资源配置提供了更大的灵活性，在现有起始PRB索引（$RB_{\mathrm{BWP}}^{\mathrm{offset}}$）可配置的基础上，又引入了额外的PRB资源偏移值（$RB_{\mathrm{BWP}}^{\mathrm{additional}}$）来确定RedCap终端设备的起始资源索引，如图2-9所示，该信息同样也包含在SIB1中。

表2-3 non-RedCap终端设备PUCCH资源

索引	起始PRB索引（$RB_{\mathrm{BWP}}^{\mathrm{offset}}$）	初始循环移位索引集合	BWP一侧资源数（RB）	结束PRB索引（RB）
0	0	{0, 3}	4	4
1	0	{0, 4, 8}	3	3
2	3	{0, 4, 8}	3	6
3	0	{0, 6}	4	4
4	0	{0, 3, 6, 9}	2	2
5	2	{0, 3, 6, 9}	2	4
6	4	{0, 3, 6, 9}	2	6
7	0	{0, 6}	4	4
8	0	{0, 3, 6, 9}	2	2
9	2	{0, 3, 6, 9}	2	4
10	4	{0, 3, 6, 9}	2	6
11	0	{0, 6}	4	4
12	0	{0, 3, 6, 9}	2	2
13	2	{0, 3, 6, 9}	2	4
14	4	{0, 3, 6, 9}	2	6
15	$\lfloor N_{\mathrm{BWP}}^{\mathrm{size}}/4 \rfloor$	{0, 3, 6, 9}	2	$\lfloor N_{\mathrm{BWP}}^{\mathrm{size}}/4 \rfloor + 2$

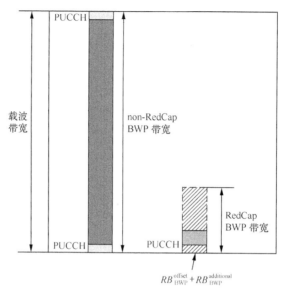

图2-9　RedCap和non-RedCap PUCCH资源分配示意图

进一步说，考虑到邻区的相互干扰，现网中网络设备可能还会将不同扇区的频域资源也相互错开。为了能够将多扇区场景下RedCap终端设备和non-RedCap终端设备的资源彼此错开，最终R17标准确定$RB_{\mathrm{BWP}}^{\mathrm{additional}}$的取值范围为{2, 3, 4, 6, 8, 9, 10, 12}。当然，也允许网络设备不配置$RB_{\mathrm{BWP}}^{\mathrm{additional}}$，此时终端设备默认$RB_{\mathrm{BWP}}^{\mathrm{additional}}$取值为0。

此外，RedCap终端设备遵循现有技术，根据承载Msg4/MsgB调度信息的下行控制信息中的PUCCH资源指示和下行控制信息所在CORESET中的CCE（控制信道元）索引确定其PUCCH资源的索引r_{PUCCH}，其中，$0 \leqslant r_{\mathrm{PUCCH}} \leqslant 15$。

如前所述，SIB1中指示了PRB从BWP的哪一侧开始映射，相当于指示了确定PRB资源时所使用的公式：

当PUCCH资源映射到BWP内的下边缘时，第r_{PUCCH}个资源的PRB索引为

$$RB_{\mathrm{BWP}}^{\mathrm{offset}} + RB_{\mathrm{BWP}}^{\mathrm{additional}} + \lfloor r_{\mathrm{PUCCH}}/N_{\mathrm{CS}} \rfloor$$

当PUCCH资源映射到BWP内的上边缘时，第r_{PUCCH}个资源的PRB索引为

$$N_{\mathrm{BWP}}^{\mathrm{size}} - 1 - RB_{\mathrm{BWP}}^{\mathrm{offset}} - RB_{\mathrm{BWP}}^{\mathrm{additional}} - \lfloor r_{\mathrm{PUCCH}}/N_{\mathrm{CS}} \rfloor$$

其中，$RB_{\mathrm{BWP}}^{\mathrm{offset}}$为资源集合索引中指示的RB索引，$RB_{\mathrm{BWP}}^{\mathrm{additional}}$为额外的资源偏移值，$N_{\mathrm{BWP}}^{\mathrm{size}}$为BWP包括的RB数，$N_{\mathrm{CS}}$为初始循环移位索引集合中包括的索引数量。

第r_{PUCCH}个资源的初始循环移位索引为$r_{\mathrm{PUCCH}} \bmod N_{\mathrm{CS}}$。

(•) 2.4 专属初始下行BWP

通过2.2节对共存等问题解决方法的讨论，标准逐渐明确要为RedCap定义专属的初始上行BWP。专属初始下行BWP设计虽然不存在2.2节中讨论的共存问题，但就其配置过程和涉及的网络开销及终端复杂度等问题，标准组也展开了广泛的讨论。本节将对专属初始下行BWP的具体设计进行介绍，包括为什么要引入专属初始下行BWP，专属初始下行BWP的配置细节，以及在标准中争议最大的在初始下行BWP中配置SSB的问题。

2.4.1 专属初始下行BWP的引入

由于RedCap终端支持的最大带宽降低了，工作在大于其最大带宽的BWP上会带来额外的复杂度，本着尽可能复用R15/R16标准设计的原则，3GPP在讨论的初期形成如下结论。

（1）在初始接入过程中及初始接入之后，RedCap的初始下行BWP带宽不大于RedCap终端支持的最大带宽。

（2）初始接入过程中，RedCap的初始下行BWP的带宽和位置可以复用MIB（主信息模块）配置的CORESET#0所定义的初始下行BWP的相关资源。

为了保证RedCap的初始下行BWP带宽不大于RedCap的终端支持的最大带宽，其可以复用MIB配置的初始下行BWP，即CORESET#0。根据参考文献[17]中的表13-1～表13-6，在FR1内，CORESET#0的带宽最大为17.28MHz，显然小于RedCap终端支持的最大带宽20MHz，因此在初始接入过程中可以复用MIB配置的初始下行BWP，这也与传统终端的行为一致。根据参考文献[16]，传统终端对SIB1中配置的初始下行BWP的解释中明确：终端在接收到SIB1中配置的该信息域后，应用其配置的初始下行BWP的资源位置和带宽信息，但在接收到RRC建立/RRC重连接/RRC重建立（对应三个消息RRCSetup/RRCResume/RRCReestablishment）之前，终端仍会使用CORESET#0。

关于是否允许网络为RedCap终端配置专属初始下行BWP存在两种观点。

（1）反对者的观点

RedCap终端可以采取与non-RedCap终端相同的处理方法，即初始接入过程中在CORESET#0对应的位置和带宽内进行信息传输，直到RRC连接建立之后才会转到SIB1配置的初始下行BWP进行信息的接收。CORESET#0可以用于承载随机接入响应、Msg4、系统广播，以及寻呼等信息（包括承载调度信令的PDCCH和承载信息的PDSCH）。其中，随机接入响应信息中可同时承载多个用户的响应信息，即多个用户共享相同的PDCCH和PDSCH。因此，引入专属初始下行BWP之后，网络设备可能需要在独立初始BWP和CORESET#0对应的初始BWP上均发送公共信息（除Msg4以外的其他信息，如寻呼、系统信息等），以避免终端在两个BWP间频繁地调谐来获取信息更新，而周期性发送这些公共信息会给网络带来固定的额外信令开销。尤其是在RedCap终端设备的应用初期，还没有形成一定的规模，更没有必要进行负载分流。

（2）支持者的观点

现有NR R15/R16 TDD系统中，为了避免终端设备在上下行转换时需要进行射频调谐，规定包括初始BWP在内的上行BWP和下行BWP的中心频点需要对齐。在标准讨论过程中，为解决终端降低带宽后的共存及上行资源碎片化等问题，引入了专属初始上行BWP。为了避免资源碎片化，专属初始上行BWP需要被配置在载波的边缘。为了保证初始上/下行BWP中心频点对齐，初始下行BWP（CORESET#0）也需要被配置在载波的边缘。这不仅影响了网络设备资源调度的灵活性，还限制了包括邻区干扰协调在内的网络整体规划。因此，建议网络配置专属的初始下行BWP，这样就可以不要求CORESET#0与专属的初始上行BWP的中心频点对齐。

此外，考虑到RedCap的应用场景是海量的物联市场，标准应该为可能的市场规模做好准备，支持初始接入阶段的Msg2、Msg4等信息的负载分流，能降低对non-RedCap终端设备性能的影响。

针对上述中心频点对齐的需求，在讨论的过程中有公司认为，可以不要求初始接入阶段TDD系统的上下行中心频点对齐，如图2-10所示，RedCap复用CORESET#0作为初始下行BWP，与配置的初始上行BWP中心频点不对齐。初始接入阶段可以通过调谐实现上下行BWP的转换，调谐的时间在初始接入阶段对时延的影响不大，但多数公司坚持要求TDD系统的上下行BWP中心频点对齐。在RAN1#104b次会议上形成工作假设：在初始接入阶段，RedCap终端可以复用MIB配置的初始下行BWP，但不排除在SIB中为RedCap配置专属的初始下行BWP。该工作假设同时适用于TDD和FDD系统。虽然FDD系统对中心频点没有对齐的需求，但是出于负载分流的考虑，在该系统下也可以定义专属的初始下行BWP，即在网络部署过程中，网络设备可以根据网络负载、调度策略等因素选择是否为RedCap终端设备配置专属的初始下行BWP。

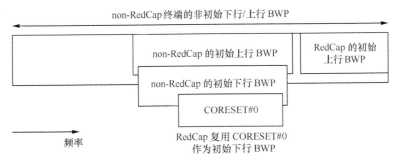

图2-10 TDD系统上下行中心频点不对齐

在RAN1#105次会议上形成了初始接入之后的工作假设：TDD系统可以在初始接入之后为RedCap终端可选配置（或定义，有的公司建议保留"定义"是考虑到完成初始接入之后仍然复用CORESET#0作为初始下行BWP，这个时候用"定义"更贴切）专属的初始下行BWP。

2.4.2 专属初始下行BWP的配置和使用

标准支持网络为RedCap终端配置专属的初始下行BWP，但这个专属初始下行BWP是否要包含公共CORESET和公共搜索空间（CSS）的配置，可支持的带宽配置有哪些，是否可用于初始接入阶段，通过什么消息配置，以及专属初始下行BWP上是否需要传输额外的SSB等问题都需要讨论。标准上的讨论主要包括以下几个方面。

（1）是否配置公共CORESET和CSS

为了保持初始接入阶段上行和下行的中心频点对齐，避免终端在发送和接收之间需要调谐，初始接入阶段的相关下行接收，如Msg2、Msg4、MsgB、寻呼（在后面还会具体讨论寻呼是否能在专属下行BWP上发送）及RRC配置信息接收等都需要在专属初始下行BWP上进行，因此，需要在专属初始下行BWP上配置相应的CORESET和CSS，才能进行相应的PDCCH的接收。此外，如果配置初始下行BWP的目的是进行RACH，paging消息的分流，那么也需要配置相应的CORESET和CSS。

（2）是否包含CORESET#0

当专属初始上行BWP被配置在载波边缘时，为了避免终端在上下行间的调谐，需要初始下行BWP与初始上行BWP的中心频点对齐。此时，如果初始下行BWP包含CORESET#0，则要求CORESET#0的频域资源只能位于载波边缘，这限制了网络配置。另外，如果受RedCap带宽限制的初始下行BWP仍包括CORESET#0，则会降低负载分流的增益。因此，没有必要限制初始下行BWP始终包含CORESET#0。

（3）带宽配置

现有的CORESET#0的带宽配置数量受限于MIB的有限指示比特数，只能选择{24,48,96}个PRB，在随机接入过程中的调度DCI的频域资源分配也是基于CORESET#0的带宽确定的。专属初始BWP的配置是否要遵循这个限制呢？

一种观点是保持与CORESET#0相同配置的可选值，从而降低SIB配置的信令开销。另一种观点是由于专属初始下行BWP在连接态是可用的，因此最好支持灵活的带宽配置，即与传统的初始下行BWP配置方式保持一致，通过资源指示值（RIV）进行灵活的带宽和起始位置配置。最终标准上支持灵活的专属初始下行BWP的带宽配置，仅限制其带宽不大于RedCap终端的最大带宽。

但随之也引入了一个问题：专属初始下行BWP上公共搜索空间监听的DCI格式中，如何确定调度共享信道的频域资源范围。NR R15/R16终端在初始接入过程中，频域资源分配信息域是依据CORESET#0的带宽确定的。对于RedCap专属的初始下行BWP，如果依据专属下行BWP的带宽来确定频域资源分配信息域可以为资源分配提供更大的灵活性，即能够调度BWP带宽内的所有RB。因此，标准上的一种提议是，当专属初始下行BWP包含CORESET#0时，其回退DCI中频域资源分配域的大小根据CORESET#0的带宽来确定，当专属初始下行BWP不包含CORESET#0时，其回退DCI中频域资源分配域的大小根据专属初始下行BWP的带宽来确定。但是，考虑到传统终端在监听通过寻呼无线网络临时标识（P-RNTI）/随机接入无线网络临时标识（RA-RNTI）/MsgB无线网络临时标识（MsgB-RNTI）/系统消息无线网络临时标识（SI-RNTI）等进行循环冗余校验（CRC）加扰的DCI格式1_0时，频域资源分配域始终根据CORESET#0的带宽来确定，并没有考虑当前的BWP和CORESET的配置情况，因此有的公司认为RedCap应沿用这个原则。而且，如果在专属初始下行BWP上使用与在CORESET#0上不同大小的DCI，还会导致DCI大小对齐的问题。根据NR R15/R16协议，对于一个小区，用户最多能够监听4个大小不同的DCI，3个C-RNTI加扰的大小不同的DCI。当终端需要同时监听CORESET#0上的系统消息、寻呼，以及专属初始下行BWP上的公共搜索空间时，如果在专属初始下行BWP上依据专属初始下行BWP的带宽确定DCI大小，会导致有两个不同大小的回退DCI格式1_0占用4个DCI中的2个，而这并不是我们期待的结果。最终在RAN1#108次会议形成结论：专属初始下行BWP上的公共搜索空间中监听的DCI格式1_0，依赖于CORESET#0的带宽大小确定频域资源指示域。

（4）是否用于初始接入

在RAN1#107次会议上，通过了对于FR1和FR2，网络可以为RedCap终端配置一个专属的初始下行BWP的结论，具体如下。

针对专属初始下行BWP包含CD-SSB（FR1和FR2）和整个CORESET#0（FR1）的情况，会议结论是专属初始下行BWP可以用于空闲（RRC_IDLE）态及非激活（RRC_INACTIVE）态的初始接入阶段，以及初始接入之后的阶段。同次会议还进一步对该场景进行限制：在初始接入阶段使用CORESET#0的方式与使用传统终端的方式是相同的，即SIB1配置的初始下行BWP在RRC连接建立/重建/重连接之后生效。

针对专属初始下行BWP不包含CD-SSB（FR1和FR2）和整个CORESET#0（FR1）的情况，主要的争论是当该初始下行BWP用于随机接入或寻呼时是否包含SSB。最终的结论是：该情况下，专属初始下行BWP可以用于初始接入阶段的随机接入，但不用于监听寻呼。该下行BWP是否可用于初始接入之后的传输，与终端的能力相关。

（5）通过什么消息配置

经过上述的讨论，可以确定专属的初始下行BWP可以用于初始接入，需要通过SIB进行配置，如通过SIB1显式配置RedCap终端的初始下行BWP。

在上述显式配置的基础上，标准组还讨论了是否支持隐式的配置，即当

non-RedCap终端的初始下行BWP带宽大于RedCap终端的最大带宽时，是否始终要配置专属初始下行BWP。

在开始讨论的过程中，大部分公司认为不需要始终配置专属初始下行BWP，没有配置时可使用MIB配置的CORESET#0作为初始下行BWP。这么做的好处是为网络带来更大的灵活性——是否配置专属初始下行BWP由网络设备根据网络的实际状况确定，而不进行标准上的限制。另外，这么做也能节省网络开销——配置专属初始下行BWP需要指示包括BWP带宽、起始位置、子载波间隔等在内的信息，允许网络设备不进行配置可以节省相应的网络公共信令的开销。这么做的依据在TS38.213协议中有描述：如果没有配置初始下行BWP，则初始下行BWP复用CORESET#0的起始位置、RB数量、SCS及循环前缀（CP）等参数。

但是，还有一部分公司认为应该始终显式配置专属初始下行BWP，因为如果不为RedCap终端设备配置专属初始下行BWP，网络设备在初始接入过程中和接入之后都需要在CORESET#0接收信息，即终端设备在连接态的初始下行BWP使用的是CORESET#0的带宽和位置。而为了保证连接态信息传输的连续性，大多数公司支持确保连接态上下行BWP的中心频点对齐。这就要求CORESET#0和RedCap终端设备的初始上行BWP的中心频点对齐，从而限制了网络设备资源分配的灵活性。另外，从高层协议描述来看，SIB1中，初始下行BWP的配置信息单元并不是可选的，这也就意味着初始下行BWP总是需要配置的，包括BWP的带宽起始位置、SCS、CP等参数，以及PDCCH和PDSCH的公共配置。因此，在这种情况下，需要始终配置初始下行BWP。

针对网络关心的SIB1开销的问题，可以采用在MIB中使用的方法（在MIB中用8比特，同时携带CORESET#0的配置信息及类型0-PDCCH的配置信息），通过这种配置方法可节省SIB1的开销。

这个问题在RAN1#108次会议中进行了多轮线上讨论，都没有达成一致意见，在线下讨论中最后商讨的结果是，初始下行BWP是始终配置的，但其中的通用参数及对应BWP的参数可缺省，缺省时复用CORESET#0的相关参数。然而该结果最后并没有进行线上讨论确认，只是在邮件讨论中形成一个阶段妥协。在RAN1#109次会议上，该问题仍没有达成一致意见。但根据RAN2的协议[16]规定：如果网络没有为RedCap配置独立初始BWP，则RedCap终端复用为non-RedCap终端配置的初始BWP，但前提是该BWP带宽不大于终端最大带宽。因此，当出现non-RedCap终端的初始下行BWP带宽大于RedCap带宽时,可以认为网络没有为RedCap终端配置适合的初始下行BWP,RedCap终端可以将这个小区视为禁止接入的小区。

2.2节介绍了标准初期形成的结论,即在带宽允许的情况下,RedCap终端可以复用为non-RedCap终端配置的初始下行BWP,本节介绍了网络可以为RedCap终端配置专属初始下行BWP及是否可以复用CORESET#0作为初始下行BWP。下面系统地总结一下在不同场景下,RedCap终端如何确定所使用的初始下行BWP。

FR1初始接入过程中,RedCap终端设备确定初始下行BWP的示意图如图2-11所示。

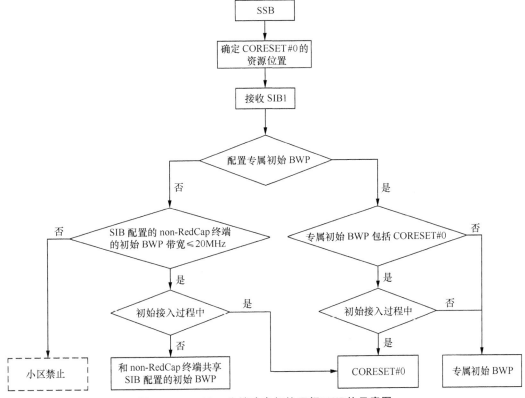

图2-11 RedCap终端确定初始下行BWP的示意图

（1）通过检测SSB,进行同步及MIB广播消息的获取（与non-RedCap终端设备共享SSB,接收方法和non-RedCap终端设备相同）。

（2）确定CORESET#0的资源位置,并接收SIB1（与non-RedCap终端设备共享SIB1,接收方法和non-RedCap终端设备相同）。

（3）根据SIB1内容确定初始下行BWP。

初始下行BWP可以配置用于传输SIB1、其他SIB、随机接入消息和寻呼消息。标准组围绕专属初始下行BWP可以用来传输哪些消息及是否存在限制条件等内容展开了激烈的讨论。最终，从节省信令开销的角度考虑，SIB1和其他SIB不在专属初始下行BWP中传输，RedCap终端设备仍然在CORESET#0中接收这些消息。关于随机接入消息和寻呼消息的讨论，涉及是否需要在BWP中包括SSB的问题本节不展开描述。

2.4.3　SSB开销之争

SSB包括主同步信号（PSS）、辅同步信号（SSS）和广播信道（PBCH），主要的功能包括时间和频率的同步及测量、确定小区标识信息和确定SSB波束索引等。SSB包括小区定义SSB（CD-SSB）和非小区定义SSB（NCD-SSB）两种。其中，CD-SSB携带与SIB1和其他系统信息关联的CORESET#0的配置信息，而NCD-SSB没有携带SIB1和其他系统信息关联的CORESET#0的配置信息。每个小区的CD-SSB仅配置1个，NCD-SSB可以配置多个。

服务小区的测量，如无线资源管理（RRM）测量、无线链路监测（RLM）测量、波束测量等，可以基于SSB进行，其中：

- 连接态，服务小区RRM测量，根据NR R15/R16协议应基于CD-SSB测量。

- 连接态，邻区RRM测量，NR R15/R16协议没有限制是基于CD-SSB测量还是基于NCD-SSB测量。

- 连接态，服务小区RLM测量、波束测量，根据NR R15/R16协议应基于CD-SSB测量。

- 空闲态，小区选择，根据NR R15/R16协议应基于CD-SSB测量。

小区载波的带宽可能大于RedCap终端设备支持的最大信道带宽，如FR1 RedCap终端设备支持的最大信道带宽为20MHz，而小区载波的带宽最大可达100MHz。为了负载分流，网络设备可以将RedCap终端设备的专属初始下行BWP配置在不包括CORESET#0和CD-SSB的位置。如果专属初始下行BWP中不包括SSB，是否会影响诸如随机接入信息、寻呼信息的传输质量？是否需要为专属初始下行BWP引入额外的SSB（标准后续讨论中明确为NCD-SSB）？这些问题与终端能力紧密相关，支持方和反对方就这个问题进行了长达几次会议的讨论，我们将两种观点分别进行陈述。

（1）观点1：独立初始下行BWP上应该包括额外的SSB

在讨论中，涉及BWP内是否需要包括SSB时，都是基于NR R15/R16中定义的终端能力FG 6-1a（Feature group 6-1a）进行讨论的。标准后期也为RedCap单独定义了相关能力FG 28-1a。传统的终端能力定义如表2-4所示[18]，如果终端支持FG 6-1a，则为其RRC配置的BWP可以不包含CORESET#0和SSB，且该能力对于连接态终端是可选的。如果专属初始下行BWP上工作的终端不具有该能力，且专属初始下行BWP没包含CORESET#0和CD-SSB，终端需要借助额外的SSB进行时频跟踪、层1（L1）的测量和RRM测量，因此需要进行频繁的频率调谐，那么终端的功耗和复杂度均会提高，尤其对于一些L1的测量，如波束失败检测（BFD），候选波束检测（CBD），无线链路监测（RLM）等，测量的频次要高于RRM测量。另外，表2-4中还列举了FG 6-1的定义，FG 6-1为终端必选能力，规定终端的基本能力为BWP内需要包括SSB和CORESET#0。

表2-4　终端能力FG 6-1和FG 6-1a

序号	特性组	组成	必选/可选
6-1	对BWP带宽有限制的基础BWP操作	① 每个载波支持1个终端特定的RRC配置的下行BWP； ② 每个载波支持1个终端特定的RRC配置的上行BWP； ③ 支持BWP相关的任意参数的RRC重配置； ④ RRC配置的终端特定的BWP包含CORESET#0（如果CORESET#0存在）和PCell/PSCell（如果网络已配置）的SSB；RRC配置的终端特定BWP包含SCell的SSB（如果在SCell上配置了SSB）	必选且不需要能力信令指示
6-1a	对BWP带宽无限制的BWP操作	RRC配置的终端特定BWP可能不包含CORESET#0和PCell/PSCell（如果网络已配置）的SSB，RRC配置的终端特定BWP也可以不包含SCell的SSB	可选且需要能力信令指示

在空闲态或非激活态，监测寻呼PDCCH之前需要先通过SSB进行时频同步，以保证PDCCH和PDSCH的接收性能。如果BWP内不包括SSB，终端设备需要先在SSB所在的频点进行同步测量，再调谐回寻呼所在的BWP进行监测。有公司认为这也许会导致终端设备需要频繁进行调谐，增加了终端的功耗和复杂度。

针对配置额外的SSB会增大网络开销的顾虑，有公司提出配置额外的SSB可以使用NCD-SSB，由网络配置周期大小。例如，当NCD-SSB的周期大于CD-SSB的周期时，与相同周期情况相比，可实现NCD-SSB时频资源开销降低。而对于支持FG 6-1a能力的终端，其专属初始下行BWP上是否有额外的SSB取决于网络配置。

（2）观点2：独立初始下行BWP上不一定包括额外的SSB，可以基于网络配置

支持观点2的公司认为现有R15/R16协议已经支持RF调谐，如BWP切换、探测参考

信号（SRS）切换、发送天线切换等。既然传统终端已经支持这些特征，RedCap终端同样可以通过RF调谐的方式切换到与non-RedCap终端相同的初始下行BWP上接收SSB。配置额外的SSB会增加不必要的系统开销，增加网络规划的复杂度，基站和终端需要进行更多涉及SSB的冲突处理等，增加的小区间干扰也不可忽视。因此，不应强制网络总是配置额外的SSB，可以根据实际部署情况有不同的实施方式，例如：网络可以选择将专属初始下行BWP配置为始终包含CD-SSB；网络可以配置RedCap终端基于信道状态信息参考信号（CSI-RS）进行RRM测量；网络可以为不包含CD-SSB的初始下行BWP配置额外的SSB供终端进行测量。

下面简单计算了NCD-SSB的系统开销，有助于我们直观理解SSB开销问题：

一个SSB占用的时频资源为：4（符号）×20（RB）=80（RB）；

一个SS突发可包括4/8/64个SSB，即占用的资源分别为320/640/5120（RB）。

以载波带宽为100MHz，SSB发送周期为20ms为例，FR1中一个SS突发占用的资源开销可达0.85%。此外，考虑到BWP资源位置可以灵活配置，为了保证网络中在不同频域位置的BWP都包括一个SSB，SSB的整体开销高达4.25%。而系统开销的增大，意味着网络有效吞吐量的降低。SSB示意图如图2-12所示。

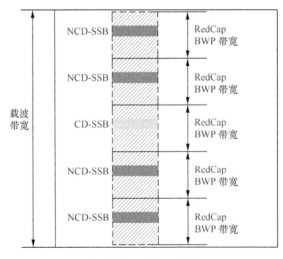

图2-12　SSB示意图

支持观点2的公司提出，可以将FG 6-1a作为RedCap终端的强制能力，这样就不需要额外的SSB的配置。而且，对于FR2的SSB与CORESET#0的复用模式2和模式3，

RedCap终端在接收完SSB之后也需要调谐监听CORESET#0中的控制信道。而支持观点1的公司则认为，引入专属初始下行BWP的一个目的是与专属初始上行BWP中心频点对齐，如果终端可以通过调谐实现上下行BWP转换，就没有必要为RedCap配置专属初始下行BWP，与传统终端共享初始下行BWP即可。虽然这么说有些极端，毕竟上下行数据传输转换的频率会远高于基于SSB测量的频率，但这也说明了这些公司明确反对配置额外的SSB是基站可选配的提议，他们认为专属初始下行BWP上必须配置额外的SSB（当不包含CORESET#0和CD-SSB时）。

双方的观点都很明确，在经过几次会议讨论后，仍难以达成一致意见。在讨论的过程中有公司提出专属初始下行BWP的用途不同时，对额外SSB的需求有可能会不同，因而建议区分连接态（CONNECTED）和空闲态（IDLE）/非激活态（INACTIVE）来考虑初始下行BWP是否包含SSB的情况，同时也讨论连接态RRC配置的非初始下行BWP是否包含SSB的情况，相关内容如下。

（1）RRC_IDLE/INACTIVE模式，专属初始下行BWP是否需要包含SSB

在RRC_IDLE/INACTIVE模式，专属初始下行BWP主要用于RACH传输，由于初始接入发生频率并不高，RedCap终端可以通过RF调谐的方式切换到CD-SSB上进行测量，因此可以不配置额外的SSB。

（2）RRC_CONNECTED模式，专属初始下行BWP是否需要包含SSB

NR R15/R16中，终端进入RRC_CONNECTED模式后，初始BWP存在两种配置情况，一种是BWP#0配置选项1，另一种是BWP#0配置选项2。两者的区别在于是否为初始BWP引入终端专属的BWP配置，具体体现在服务小区配置中是否包括"BWP-DownlinkDedicated"或者"BWP-UplinkDedicated"。如果没有相应的配置，则属于BWP#0配置选项1，此时BWP#0不属于RRC配置的BWP，在这种情况下，如果终端能力仅支持一个RRC配置的BWP，终端还可以被配置一个额外的BWP#1。BWP#0配置选项1可以用于连接态，但由于仅有与SIB1相关的配置，使用起来比较受限。例如，下行DCI格式仅支持DCI格式1_0，不支持基于DCI的BWP切换，终端需使用RRC重配置来进行BWP切换。如果在服务小区配置中包括"BWP-DownlinkDedicated"或者"BWP-UplinkDedicated"，则BWP#0被认为是一个RRC配置的BWP，属于BWP#0配置选项2，如果终端能力仅支持一个RRC配置的BWP，则终端不能再被额外配置其他

BWP。而对于支持多BWP配置的终端，BWP#0与其他BWP之间可以通过DCI进行切换。可以看出，相比于BWP#0配置选项1，BWP#0配置选项2的应用更为灵活。

对于RRC_CONNECTED模式，初始下行BWP可能应用在以下场景。

① 非初始BWP上没有配置随机接入信道（RACH）资源，RRC_CONNECTED模式的终端需要回退到初始上行BWP发起随机接入。相应地，下行传输也需要回退到初始下行BWP。

② 当BWP非活动定时器到期，且网络没有为终端配置默认BWP时，终端也会回退到初始下行BWP。

因此，支持观点2的公司认为大部分场景下，RRC_CONNECTED模式的终端会工作在RRC配置的BWP，没有必要强制BWP#0配置选项1的初始下行BWP上配置额外的SSB。而支持观点1的公司依然认为，只要该专属BWP可用于连接态数据传输，就需要配置额外的SSB。

最终标准确定：对于连接态，如果终端不支持FG 28-1a（3GPP标准为RedCap终端定义的可选能力），则BWP内应包括CD-SSB（SSB和CORESET复用模式1时，还同时包含CORESET#0）。主要原因是考虑到BWP#0配置选项1没有终端特有的参数配置，在RRC_CONNECTED模式也无法为终端配置NCD-SSB。

（3）RRC配置的下行BWP是否包含SSB

在这个问题上有两种观点。观点1：RRC配置的下行BWP应包含SSB；观点2：由基站确定是否需要配置额外的SSB。

支持观点1的公司认为在RAN1#105次会议达成了结论：对于FR1，FG 6-1（RRC配置的下行BWP包含CORESET#0和SSB）是RedCap的强制能力。只有终端可选择性地支持FG 6-1a，网络为其配置的BWP才可以不包含SSB和CORESET#0。

支持观点2的公司认为基站可以根据网络实际情况灵活地确定是否配置额外的SSB。考虑到RedCap WI的标准化进程，在3GPP RAN1#107次会议上，形成如下结论。

从RAN1的角度，如果专属的初始下行BWP不包含CD-SSB和完整的CORESET#0：
　　如果该专属初始下行BWP在RRC_IDLE/INACTIVE模式下被配置用于初始接入，但没有用于寻呼检测，则RedCap终端不期待该专属下行BWP包含SSB、CORESET#0、SIB；网络认为RedCap终端在专属下行BWP上进行初始接入的过程中不需要到另一个包含CORESET#0的BWP上监听寻呼。如果该专属下行BWP被配置用于监听寻呼，则RedCap终端期待该BWP上包含NCD-SSB，但不包含CORESET#0和SIB。这一条结论仅是从RAN1的角度形成了工作假设，需要向RAN2和RAN4发联络函进行确认。

从RAN1的角度，如果连接态的一个RRC配置的激活下行BWP不包含CD-SSB和完整的CORESET#0（对于FR2，由于可以支持SSB与CORESET#0频分复用的图样，条件更新为：从RAN1的角度，如果连接态的一个RRC配置的激活下行BWP不包含CD-SSB）：

仅支持强制终端能力FG 6-1，但不支持可选能力FG 6-1a的RedCap终端期待该BWP包含NCD-SSB，但可以不包含CORESET#0和SIB。

RedCap终端支持可选的能力——不需要NCD-SSB。这种情况下，终端基于CSI-RS、FG 6-1a或两者的组合进行相关的测量操作。这一条结论中针对CSI-RS是否能够实现测量需要RAN4的确认。

从这条结论中我们可以总结出以下几点。

① 如果RRC_IDLE/INACTIVE模式仅用于随机接入，那么专属初始BWP上可以不用传输SSB，降低了开销。

② 如果要监听寻呼消息，则终端需要依赖SSB进行时频同步、测量等，BWP内要配置SSB。虽然有很多公司认为终端寻呼的周期较长，可以在寻呼时机之前先切换到包含CD-SSB的BWP上测量，之后再切换到专属初始下行BWP上监听寻呼，但有些终端公司无法接受该方式带来的终端切换和功耗复杂度的提升，而且在寻呼时可能还需要进行RRM测量等操作。最终妥协的结果是：RRC_IDLE/INACTIVE模式只要不涉及寻呼，网络侧就可以不在BWP内配置SSB。上述针对随机接入的结论的注释"不需要在随机接入期间切换到其他BWP上监听寻呼"，也是为了化解这个顾虑。

③ 在专属初始下行BWP和RRC配置的BWP上配置的NCD-SSB，其周期大小可调整，不需要与CD-SSB的周期保持相同。

④ 对于RRC配置的BWP，具有强制能力的终端在其BWP内需要NCD-SSB，但同时要保留终端不需要NCD-SSB的可选能力，当终端支持该可选能力时，BWP内不需要NCD-SSB，终端可以通过RF调谐或CSI-RS等进行测量相关操作。

基于RAN1的结论，RAN2和RAN4也进行了相关的讨论，RAN2的回复如下。

① 针对RRC_IDLE/INACTIVE模式在专属初始下行BWP上监听寻呼，RedCap终端期待该BWP中包含NCD-SSB的工作假设，RAN2的结论是：RRC_IDLE/INACTIVE模式的RedCap终端仅在包含CD-SSB的初始BWP上监听寻呼消息，小区选择（重选）和测量也基于CD-SSB，这也是遵从了3GPP RAN#94次全会的结论，以简化设计。至此，RAN1上述关于寻呼的"可以在包括NCD-SSB的BWP上接收寻呼"的工作假设就被推翻了。

② 针对激活BWP内不包含NCD-SSB的可选能力的终端是否可以使用CSI-RS进行测量，RAN2认为，从信令的角度可以支持使用CSI-RS做小区和波束的RLM。但是，

在RAN4发给RAN2和RAN1的联络函[19]中提到，现有基于CSI-RS的RRM测量要求均依赖于SSB的存在。而RAN2并没有引入新机制以使能基于CSI-RS的RRM测量的计划，因此，RAN1的针对连接态使用CSI-RS的工作假设是否能够被确认取决于RAN4的决定。

RAN4的回复如下。

① 针对空闲态在专属初始下行BWP上监听寻呼，RedCap终端期待该BWP中包含NCD-SSB的假设，RAN4认为是可行的。

② 针对激活BWP内不包含NCD-SSB的可选能力的终端是否可以使用CSI-RS进行测量，RAN4达成的结论如下。

• 如果RedCap终端支持FG 6-1a，但是不支持基于CSI-RS的L3测量的能力，那么终端可以支持基于CSI-RS的RLM、BFD、CBD及L1 RSRP测量，前提是终端上报了相应的能力；终端可以支持基于SSB的L3测量，但是不支持基于CSI-RS的L3测量。

• 如果RedCap终端支持FG 6-1a，也支持基于CSI-RS的L3测量的能力，那么终端可以支持基于CSI-RS的RLM、BFD、CBD及L1 RSRP测量，前提是终端上报了相应的能力；终端可以支持基于SSB或CSI-RS的L3测量，此时CSI-RS需要有关联的SSB。

RAN4在R17不会为1Rx的RedCap终端定义基于CSI-RS的测量要求，也不会定义基于CSI-RS的小区定时的相关要求。

根据RAN4的回复，基于CSI-RS的测量需要有相关联的SSB，这意味着CSI-RS无法独立地支持RRM测量。另外，RedCap终端可支持1Rx的接收天线数量，如果不定义相关的要求，那么R17中1Rx的RedCap终端也无法基于CSI-RS进行L3测量。

基于RAN2和RAN4的回复，在RAN1#108次会议上将连接态RRC配置的激活下行BWP不包含CD-SSB和完整的CORESET#0的场景下的会议结论进行了更新。

RedCap 终端可以支持可选的能力——不需要 NCD-SSB，这种情况下，终端基于 CSI-RS、FG 6-1a 或两者的组合进行相关的测量操作		RedCap 终端可以支持可选的能力——不需要 NCD-SSB，这种情况下，终端基于 FG 6-1a 或 FG 6-1a 与 CSI-RS 两者的组合进行相关的测量操作

至此，RRC_IDLE/INACIVE模式的初始下行BWP和RRC配置的激活BWP的情况有了明确的结论。还有一个待解决的场景是RRC_CONNECTED模式的初始下行BWP是

否包含NCD-SSB。前面分析了这种场景指的是BWP#0配置选项1，这部分的争论也分为两个部分讨论。

- 如果配置了寻呼，BWP是否要包含NCD-SSB。
- 非RACH之外的数据传输，BWP是否要包含NCD-SSB。

针对这个问题的讨论，一部分公司建议直接将RRC_CONNECTED模式的行为拓展到BWP#0配置选项1，理由是网络可以在随机接入的过程中获知终端能力，那么当基站为终端配置了BWP#0配置选项1时，是否传输NCD-SSB可以基于终端能力来确定，如果该终端为仅支持FG 6-1基本能力的终端，那么BWP将包含NCD-SSB；如果该终端支持可选的能力——激活BWP可不包含NCD-SSB，则网络不需要为终端配置NCD-SSB。

另一部分公司则认为如果RRC_CONNECTED模式的BWP#0配置选项1用于随机接入过程，RedCap终端可以不期待该BWP包含SSB、CORESET#0和SIB。但在RRC_CONNECTED模式下，RedCap终端不期待在不包含SSB的专属初始下行BWP上被调度除随机接入过程之外的传输。这显然是不现实的，终端回退到初始BWP上发起随机接入时，也需要在该BWP上接收数据，直到RRC重配置其切换到其他BWP。于是有公司建议可以将接收的信息限制在只接收RACH相关的信息及基于RRC的BWP切换相关指示的信息，也有公司建议RedCap在完成随机接入后，自动切回到随机接入之前所在的BWP上，还有公司建议在RRC_CONNECTED模式限制RedCap终端，不允许其工作在不包含CD-SSB的初始下行BWP上。

最终，在RAN1#109次会议上，形成结论：在RRC_CONNECTED模式下，对于BWP#0配置选项1，如果终端支持FG 28-1，但不支持FG 28-1a，终端不能工作在不包括CD-SSB（SSB和CORESET复用模式1时，为CD-SSB和CORESET#0）的BWP上；如果终端支持FG 28-1和FG 28-1a，终端能够工作在不包括CD-SSB（SSB和CORESET复用模式1时，为CD-SSB和CORESET#0）的BWP上。FG 28-1和FG 28-1a为针对RedCap专门定义的终端能力，在最初讨论的过程中，针对终端的强制与可选能力定义是基于FG 6-1和FG 6-1a进行的。这两个能力中对于BWP是否包含SSB的限制分别对应到新定义的FG 28-1和FG 28-1a中。截止到RAN1#110次会议，关于FG 28-1和FG 28-1a的定义如表2-5所示。

表2-5　FG 28-1和FG 28-1a

序号	特性组	组成	必选/可选
28-1	RedCap终端	① FR1 RedCap终端最大带宽为20MHz ② FR2 RedCap终端最大带宽为100MHz ③ 4步RACH针对RedCap终端的Msg1早期识别 ④ 用于RedCap终端的专属初始上行BWP 　● 包括RedCap终端执行随机接入所需的配置 　● 使能/去使能公共PUCCH资源的频域跳频 ⑤ 用于RedCap终端的专属初始下行BWP 　● 包括用于随机接入的CSS/CORESET 　● 对于用于寻呼的专属初始下行BWP，包含CD-SSB 　● 对于仅用于RACH的专属初始下行BWP，可能包括也可能不包括SSB 　● 对于连接态用作BWP#0配置选项1的专属初始BWP，包含CD-SSB ⑥ 每个载波配置1个终端特定的RRC配置的下行BWP ⑦ 每个载波配置1个终端特定的RRC配置的上行BWP ⑧ BWP相关的任意参数的RRC重配置 ⑨ 终端特定的RRC配置的下行BWP包含CD-SSB或NCD-SSB ⑩ RRC配置的下行BWP中基于NCD-SSB的测量	可选且需要能力信令。RedCap终端必须支持这个特性组
28-1a	RRC配置的不含CD-SSB或NCD-SSB的下行BWP	RRC配置的下行BWP不包含CD-SSB或NCD-SSB	可选且需要能力信令

针对连接态BWP#0配置选项1上的配置寻呼的讨论，最初也存在分歧。一方认为RRC_CONNECTED模式终端接收寻呼消息与接收终端特定的PDCCH和PDSCH没有区别，因此可以采用与接收其他数据传输相同的处理方式。另一方则认为应遵循与RRC_IDLE/INACTIVE模式相同的处理方式，即寻呼需要在包含CD-SSB的BWP内配置。另外，考虑到在RRC_CONNECTED模式终端可以在DRX周期内的任何一个寻呼时机检测系统消息更新，终端可以在切换到包含CD-SSB的BWP上时再检测寻呼消息。而且，由于BWP#0配置选项1仅支持SIB1的配置，不支持为其配置NCD-SSB。最终标准认为：连接态下，寻呼消息也只在包含CD-SSB的初始BWP上配置。

关于R17 RedCap标准过程中对是否配置额外SSB的讨论，会议结论如下。

（1）初始下行BWP

① 只能在与CD-SSB相关联的初始下行BWP中检测寻呼消息。

如果独立初始BWP不包括CD-SSB和CORESET#0，则该独立初始BWP不能被配置用于接收寻呼消息；如果独立初始BWP包括CD-SSB和CORESET#0，则终端设备可以在独立初始BWP上接收寻呼消息。由此避免了终端的频率调谐，又保证了寻呼消息的接收性能。该规定可应用于RRC_IDLE/INACTIVE/CONNECTED模式。

② 可以在不包括SSB的初始下行BWP中接收随机接入消息。

如果独立初始BWP包括CD-SSB和CORESET#0，终端设备可以在CORESET#0接收随机接入消息，如果独立初始BWP不包括CD-SSB和CORESET#0，独立初始BWP也可以用于随机接入，即如果该BWP仅用于随机接入，而不用于寻呼，则该BWP可不包括CD-SSB和CORESET#0。且该情况下，终端设备在随机接入过程中不需要调谐到其他BWP上去监听CORESET#0内的寻呼消息。该规定可应用于RRC_IDLE/INACTIVE/CONNECTED模式。

③ 在连接态，根据终端能力确定其是否可以在配置选项1的BWP#0内进行信息传输。

● 如果RedCap终端不支持FG 28-1a，且独立初始BWP不包括CD-SSB，则终端设备不能在该BWP进行信息传输。原因如前所述，该配置选项的BWP内无法配置NCD-SSB。

● 如果RedCap终端不支持FG 28-1a，但独立初始BWP包括CD-SSB和CORESET#0（仅SSB和CORESET复用模式1时需包含CORESET#0），则终端设备可以继续在该BWP进行信息传输。

● 如果RedCap终端支持FG 28-1a，那么即使该BWP中不包括CD-SSB，终端设备也可以继续在该BWP进行信息传输。

④ 在连接态，根据终端能力确定其是否可以在配置选项2的BWP#0内进行信息传输。

● 如果RedCap终端不支持FG 28-1a，且独立初始BWP不包括CD-SSB和NCD-SSB，则终端设备不能在该BWP进行信息传输。

● 如果RedCap终端不支持FG 28-1a，但独立初始BWP包括CD-SSB和CORESET#0（仅SSB和CORESET复用模式1时需包含CORESET#0），则终端设备可以继续在该BWP进行信息传输。

● 如果RedCap终端不支持FG 28-1a，但独立初始BWP包括NCD-SSB，则终端设备可以继续在该BWP进行信息传输。

● 如果RedCap终端支持FG 28-1a，那么即使该BWP不包括CD-SSB，终端设备也可以继续在该BWP进行信息传输。

（2）终端特定的BWP

终端特定的BWP应用于RRC_CONNECTED模式，并根据终端能力确定其是否可以在BWP进行信息传输。

- 如果RedCap终端不支持FG 28-1a，且BWP不包括CD-SSB和NCD-SSB，则终端设备不能在该BWP内进行信息传输。

- 如果RedCap终端不支持FG 28-1a，但BWP包括CD-SSB和CORESET#0（仅SSB和CORESET复用模式1时需包含CORESET#0），则终端设备可以继续在该BWP内进行信息传输。

- 如果RedCap终端不支持FG 28-1a，但BWP包括NCD-SSB，则终端设备可以继续在该BWP内进行信息传输。

- 如果RedCap终端支持FG 28-1a，那么即使BWP不包括CD-SSB，终端设备也可以继续在该BWP内进行信息传输。

(·)) 2.5 上下行中心频点对齐

2.5.1 现有技术

在TDD系统中，NR R15/R16规定，终端收到RRCSetup/RRCResume/RRCReestablishment消息后才会应用SIB1配置的初始下行BWP，在初始接入过程中，仍在CORESET#0带宽范围内进行信息接收。Non-RedCap终端设备的初始下行BWP要包括整个CORESET#0。初始上行BWP可以应用于初始接入过程中和初始接入过程之后。此外，NR还规定BWP-Id相同的上行BWP和下行BWP的中心频点不解耦（上行BWP和下行BWP中心频率相同，或上下行中心频点对齐），如图2-13所示。BWP-Id相同的BWP包括初始BWP和其他RRC配置的BWP。但CORESET#0和初始上行BWP的中心频点并没有要求对齐，因为non-RedCap终端设备可支持的最大传输带宽可达到载波带宽大小，网络设备可以配置初始上行BWP的带宽包括CORESET#0的带宽。

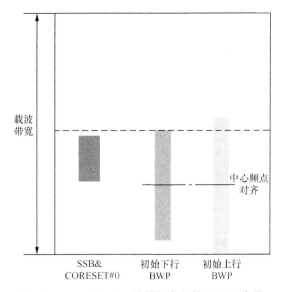

图2-13 non-RedCap终端设备初始BWP示意图

2.5.2 RedCap终端的上下行中心频点对齐

（1）非初始下行BWP和非初始上行BWP

针对非初始下行BWP和非初始上行BWP，标准上很快就达成了一致：上下行中心频点是相同的。非初始BWP主要应用于连接态，考虑到终端设备在通信过程中需要进行频繁的上下行信息交互，为了避免频率调谐导致的终端设备功耗、时延的增加，R17 RedCap仍然延续现有上下行不解耦的规定。

（2）初始下行BWP和初始上行BWP

对于RedCap的初始上下行BWP中心频点是否要对齐，争议较大，讨论中涉及的情景如下。

情景1：初始下行BWP包含CD-SSB和CORESET#0。

有观点认为，如果初始下行BWP需要包含CD-SSB和CORESET#0来降低网络配置额外的SSB、CORESET/CSS带来的开销，那么可以不要求初始下行BWP的中心频点与初始上行BWP的中心频点对齐。

为了避免资源碎片化，初始上行BWP可能需要被配置在载波的边缘。而考虑到邻区干扰协调等网络规划时，网络设备可以将CD-SSB和CORESET#0配置在载波内的任意位置。这种情况下如果要求初始上下行中心频点对齐，就会对网络产生很大的限制。要么需要将CD-SSB和CORESET#0配置在初始上行BWP所在的载波边缘，要么不限制初始上行BWP配置在载波的边缘而容忍资源碎片化问题。如果实现上下行初始BWP的中心频点解耦，网络设备就有足够的灵活性可以根据网络负载、干扰等实际情况合理地配置初始上下行资源，如图2-14所示。此外，支持方还认为终端不需要频繁进行初始接入，因此，调谐方式带来的上下行传输转换时延和功耗是可接受的。

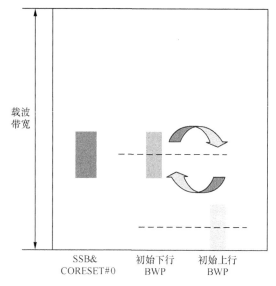

图2-14　初始上下行BWP解耦示意图

如果允许初始上下行BWP中心频点解耦，需要进行一些标准化工作：①需要在终端设备上行发送和下行接收转换时定义保护时间，以用于频率调谐。例如，有的终端设备需要140μs（15kHz子载波间隔，对应2个符号）。②修改初始接入的时序定义。NR标准中为了保证初始接入过程的时延，在Msg1～Msg4的传输上做了一些时序的规定。例如，终端设备发送Msg1和监测RAR的接收窗可能仅间隔1个符号。这时，Msg1和RAR之间并没有足够的时间可用于频率调谐，如图2-15所示。为了避免RedCap终端设备错过接收对应的RAR消息，一种方式是网络设备在Msg1提前识别出RedCap终端设备，并避免在RAR接收窗的前几个符号调度RedCap终端设备的RAR。但单独为RedCap终端设备发送独立的RAR消息（包括PDCCH和PDSCH）增加了信令开销。另一种方式是网络设备没有在Msg1识别出RedCap终端设备，则只能避免在RAR接收窗的前几个符号调度包括non-RedCap终端设备在内的所有终端设备的RAR。延迟RedCap终端设备和non-RedCap终端设备的RAR发送，会影响non-RedCap终端设备的接入时延，以及网络设备调度的灵活性，可能给网络和non-RedCap终端设备带来一定的影响。

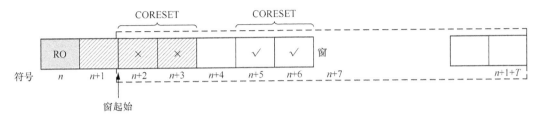

图2-15 RAR窗调度影响示意图

还有一部分公司认为应继续沿用R15/R16标准中TDD系统的要求，即RedCap终端配置的初始上行BWP和初始下行BWP的中心频点要保持对齐，以简化RedCap的标准化工作。频繁的频率调谐会导致终端的功耗及接入时延的增加。而且，上下行中心频点对齐也是支持配置专属初始下行BWP的目的之一，既然已经支持了专属初始下行BWP，那么其中心频点就应该与上行BWP的中心频点对齐。

情景2：初始下行BWP不包含CD-SSB和CORESET#0。

当网络为RedCap终端设备配置独立的初始下行BWP，且该BWP不包括CD-SSB（FR1和FR2）和CORESET#0（FR1）的资源时，网络就可以不受SSB限制，将专属初始下行BWP和上行BWP配置在相同的载波边缘位置，如图2-16所示。

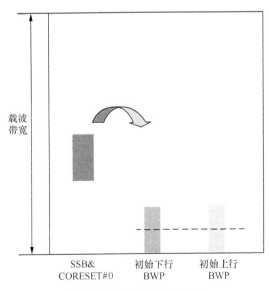

图2-16 初始BWP示意图

RAN1#106b次会议结论仅确定了情景2，即初始下行BWP不包含CD-SSB和CORESET#0的场景下，初始接入期间初始下行BWP和初始上行BWP的中心频点对齐，针对情景1没有达成一致，因此在RAN1#107次会议上，又对该情景进行了讨论，虽然多数公司认为初始接入阶段，当初始下行BWP包含CD-SSB和CORESET#0时，初始下行BWP的中心频点和初始上行BWP的中心频点可以不对齐，但有部分公司认为从终端的角度来说，情景1和情景2中，终端的操作没有什么不同，不应该一种情况要求对齐，而另一种情况不要求对齐。讨论从RAN1#107次会议持续到108次会议，最终形成会议结论：对于FR1和FR2的TDD场景，当初始下行BWP（包括专属的初始下行BWP和RedCap终端与non-RedCap终端共享的初始下行BWP）包含CD-SSB（对于FR1和FR2）和完整的CORESET#0（对于FR1）时，初始下行BWP和初始上行BWP（包括专属的和RedCap终端与non-RedCap终端共享的）的中心频点是对齐的。

至此，关于各场景下初始下行BWP和初始上行BWP的中心频点是否对齐全部有了结论：对于TDD的非初始下行BWP和非初始上行BWP，中心频点对齐；对于TDD的初始下行BWP，不论该BWP是专属的还是RedCap终端与non-RedCap终端共享的，不论其是否包含CD-SSB和CORESET#0，初始下行BWP和初始上行BWP的中心频点是对齐的。

（3）CORESET#0与专属初始上行BWP

这是争论比较多的一个问题，即MIB配置的CORESET#0的中心频点是否可以和初始上行BWP的中心频点不对齐。

RAN1#107次会议针对这个问题进行了深入的讨论。主要的分歧在于终端在上行和下行传输之间是否要进行RF调谐。

大部分人的观点是，如果配置了专属的初始下行BWP，那么MIB配置的CORESET#0与初始上行BWP的中心频点可以对齐也可以不对齐。这与NR的传统行为是一致的，参照RAN1#98次会议的结论：对于TDD系统、CORESET#0的中心频点与SIB1配置的初始上下行BWP的中心频点可以对齐也可以不对齐。对于non-RedCap终端，SIB1配置的初始下行BWP应包含CORESET#0，且在初始接入之后才生效。图2-17展示了non-RedCap

初始BWP资源的配置。

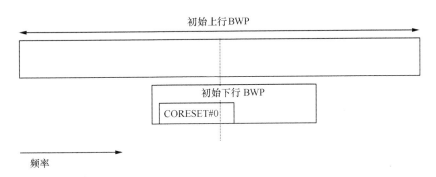

图2-17 non-RedCap初始BWP资源配置示意图

该讨论也被划分了2个情景进行讨论。

情景1：配置了专属初始下行BWP。

专属初始下行BWP可以包含CORESET#0，也可以不包含CORESET#0。在不包含CORESET#0的情况下，由于初始接入阶段就会使用专属初始下行BWP，CORESET#0与专属初始上行BWP的中心频点是可以不对齐的。在包含CORESET#0的情况下，沿用传统终端的结论，CORESET#0与专属初始上行BWP的中心频点也可以不对齐。

情景2：未配置专属初始下行BWP。

一种观点认为，若终端在初始接入阶段使用CORESET#0，则CORESET#0与初始上行BWP的中心频点可以不对齐，但要求两者的带宽之和小于RedCap终端的最大带宽，从而避免终端在上行和下行BWP之间进行RF调谐。讨论过程中有公司举例，在图2-18和图2-19所示的两种情况下，终端的操作没有什么区别。只要CORESET#0与专属初始上行BWP的总带宽不超过RedCap终端的最大带宽，终端就不需要进行调谐。这样也提升基站配置的灵活度。例如，当专属初始上行BWP位于载波边缘时，如果CORESET#0也位于临近载波边缘，且保证与初始上行BWP的总带宽之和不大于RedCap终端的最大带宽，则不要求中心频点对齐能够避免基站配置额外的专属初始下行BWP，以降低开销。

图2-18　CORESET#0和初始上行BWP的中心频点不对齐

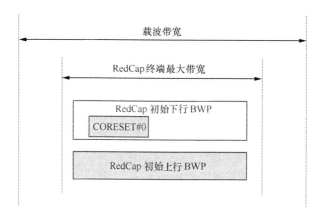

图2-19　初始上下行BWP中心频点对齐，但CORESET#0与初始上行BWP的中心频点不对齐

另一种观点认为，这种情况下仍应保持中心频点对齐。因为不同终端的实施方式不同，无法确定是否所有的终端在这种情况下都不需要调谐。持这种观点的更多是与终端相关的公司，它们认为如果无法对终端在什么情况下需要RF调谐达成一致认识，那么建议基站始终要配置专属初始下行BWP，则CORESET#0与初始上行BWP的中心频点可以不对齐。因为即使专属初始下行BWP包含CORESET#0，终端在初始接入之后，会使用配置的专属下行BWP，这样就确保了上下行中心频点的对齐。

经过RAN1#107和RAN1#108两次会议，结合是否支持复用CORESET#0作为初始下行BWP的讨论，该问题进一步划分为以下两种观点。

观点1：CORESET#0和初始上行BWP的总的频域带宽不超过RedCap终端的最大带宽。

观点2：CORESET#0与初始上行BWP的中心频点总是对齐的。

支持观点1的公司注重基站配置的灵活性，支持观点2的公司认为观点1无法保证终端不进行调谐，双方意见难以统一。在讨论的后期，为了保证WI的进展，多数公司表示可以妥协到观点2：如果复用CORESET#0作为初始下行BWP，CORESET#0与初始上行BWP的中心频点对齐；否则，基站需要为RedCap终端配置专属的初始下行BWP。随着2.4.2节中针对是否要始终配置初始下行BWP问题的明确，当RedCap被允许接入小区时，总会有初始下行BWP的配置存在，那么也意味着按照情景1处理即可。

(((•))) 2.6 NCD-SSB具体设计

在2.4.3节关于SSB开销之争的介绍中，引出了NCD-SSB的应用。考虑到SSB的问题在RedCap中属于比较核心的问题，本节主要介绍NCD-SSB的各种属性与CD-SSB有何异同，包括周期、功率、波束、物理小区标识（PCI）、频域位置、时域位置。

（1）NCD-SSB周期

在NR现有技术中，终端在初始接入时默认按照20ms的周期盲检CD-SSB，在接入之后，网络会通过SIB1给终端配置CD-SSB的实际传输周期，候选值包括5ms、10ms、20ms、40ms、80ms、160ms。

NCD-SSB周期的候选值与CD-SSB保持相同，最大周期仍为160ms，但在RedCap标准讨论过程中，针对NCD-SSB与CD-SSB的周期是否保持相同，产生了分歧。一部分公司认为，NCD-SSB应当与CD-SSB的周期保持相同，这样有利于保证RedCap终端的测量性能及降低实现复杂度。另一部分公司则认为，NCD-SSB会引入额外的资源开销，特别是当NCD-SSB基于BWP配置时，一个小区上会被允许配置多个NCD-SSB，如果所有的NCD-SSB均与CD-SSB保持相同的周期，在CD-SSB周期配置比较小时，NCD-SSB的传输会导致同步系统开销特别大。因此，标准应该给网络预留足够的灵活性，使得基站可以在保证RedCap终端测量性能的基础上，适当放松NCD-SSB的传输周期以降低资源开销。最终，经过讨论，RedCap标准同意NCD-SSB的周期可以大于或者等于CD-SSB的周期，具体交给基站去配置。需要说明的是，NCD-SSB是基于BWP配置的，因此，每个BWP上NCD-SSB的周期可以配置得不同，具体也交给基站实现。

（2）NCD-SSB功率

在NR现有技术中，网络可以配置CD-SSB的发射功率，具体配置的是辅同步信号（SSS）的发射功率。经RedCap标准讨论，为了保证不同SSB的覆盖性能一致，约定NCD-SSB与CD-SSB的发射功率应保持相同。

（3）NCD-SSB波束

在NR现有技术中，为了提升SSB的覆盖，引入了波束扫描机制，在一个半帧内，可以传输多个SSB波束。例如，在FR1，最大支持8个波束；在FR2，最大支持64个波束。在半帧内，候选SSB的时域位置是协议预定义的，当然这只是候选位置，具体发送哪几个SSB波束是基站实现的，并且基站可以通过SIB1配置给终端。在RedCap标准讨论中，为了保证不同SSB的覆盖性能一致，协议规定，NCD-SSB实际传输的波束必须与CD-SSB保持一致，并且约定相同SSB索引的NCD-SSB和CD-SSB具有准共址的关系。

（4）NCD-SSB 的物理小区标识（PCI）

在NR现有技术中，SSB除了用于时频同步、信道测量，还可以承载PCI，PCI是通过SSB中的PSS和SSS承载的。在初始接入过程中，终端通过盲检SSB获得PCI信息。对于NCD-SSB，以本小区测量来说，终端根据盲检的CD-SSB获得PCI，不必再根据NCD-SSB检测PCI，但协议规定NCD-SSB也可以用于邻区RRM测量，因此对于配置NCD-SSB用于邻区RRM测量的终端来说，终端需要根据该NCD-SSB确认所测量的小区的PCI，因此NCD-SSB的PCI需要与当前小区的CD-SSB的PCI保持一致。

（5）NCD-SSB频域位置

在NR现有技术中，CD-SSB必须位于同步栅格上，终端通过盲检获得CD-SSB的位置，NCD-SSB既可以位于同步栅格上，也可以不位于同步栅格上，具体交给基站来实现。NCD-SSB的频域位置由基站通过信令配置给终端，终端在指定的频率资源上检测NCD-SSB即可。在RedCap标准讨论过程中，NCD-SSB的频域位置保持了和NR R15一致的设计，基站通过信令给终端配置NCD-SSB的频率位置对应的绝对无线频道号（ARFCH），由于NCD-SSB基于BWP配置，因此每个NCD-SSB都会配置自己的ARFCN。

（6）NCD-SSB时域位置

在现有的商用网络中，为了保证SSB的覆盖，基站可能会对SSB进行功率增强，典型值包括3dB、6dB。引入NCD-SSB之后，由于NCD-SSB的功率需要与CD-SSB的功率保持一致，因此如果CD-SSB进行了功率增强，则所有的NCD-SSB也同样需要进行功率增强。一方面，这给基站的实现带来挑战，基站需要同时对多个SSB进行功率增强，基站的总功率可能不够；另一方面，受基站总发射功率的限制，如果多个SSB同时进行功率增强，会导致同时传输的其他信道的功率降低，影响其他信道的传输性能，同时导致同一时间邻区干扰的提升。为了降低NCD-SSB对网络的影响，协议规定，NCD-SSB可以被配置与CD-SSB之间的时域偏移，以保证NCD-SSB在时域上与CD-SSB错开。由于NCD-SSB和CD-SSB都是按照半帧为粒度进行波束扫描，因此协议上规定的NCD-SSB和CD-SSB之间的时域偏移是以5ms为粒度，候选值包括5ms、10ms、15ms、20ms、40ms、80ms。

2.7 标准体现

R17 RedCap涉及了包括物理层和高层在内的协议改动。

在物理层协议中，带宽相关的内容集中在参考文献[17]中的第17章，该章描述了RedCap终端设备流程相关的内容，包括初始下行BWP的配置、带宽限制，以及该BWP用于寻呼或随机接入时，BWP包括SSB的限制条件等，同时还包括初始上行BWP、RACH配置、公共PUCCH配置和PRB索引公式等。

在高层协议中，RedCap引入了很多特有的参数配置（见参考文献[16]）。例如，BWP-DownlinkDedicated中增加NCD-SSB的配置信息nonCellDefiningSSB-r17，Downlink-ConfigCommonSIB中增加RedCap专属初始下行BWP的配置信息initialDownlinkBWP-RedCap-r17。

第3章

降低接收天线数和 MIMO层数

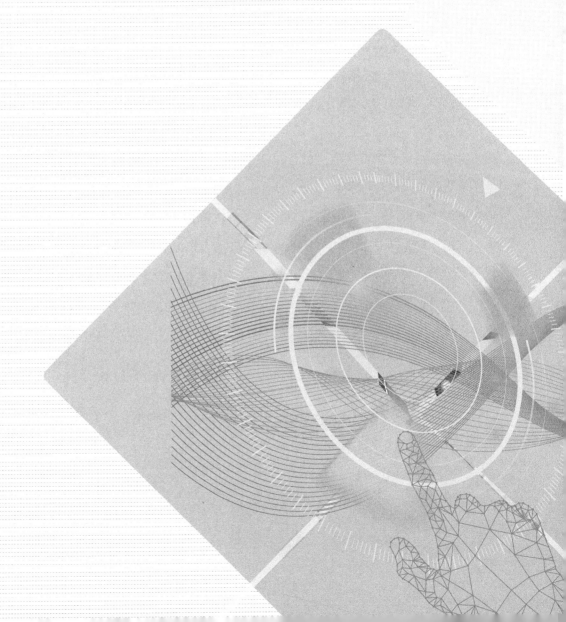

3.1 降低终端的接收天线数

在3GPP R15标准协议版本中，约定了终端设备在其支持的特定频段或者带宽上，必须具备的发射天线和接收天线数量，也称为最小发射天线数和最小接收天线数。其中，最小发射天线数为1，而最小接收天线数则和终端所支持的具体频段有关，不同频段要求的最小接收天线数分别为2和4，R15终端最小天线数组合如下。

（1）FR1、FDD频段。

组合1：{接收天线数2，发射天线数1}。

（2）FR1、TDD频段。

组合2：{接收天线数4，发射天线数1}。

（3）FR2。

组合3：{接收天线数2，发射天线数1}。

从上面的组合可以看出，由于终端的最小发射天线数已经是1，无法再降低，因此，RedCap终端只可能把降低最小接收天线数作为降低终端复杂度的选项。在SI阶段，标准组提出了如下所有可能的R17 RedCap终端的接收天线数和发射天线数配置组合。根据不同的频段，各种可能的RedCap终端最小天线数组合如下。

（1）FR1、FDD频段。

- 组合1：{接收天线数1，发射天线数1}；
- 组合2：{接收天线数2，发射天线数1}。

（2）FR1、TDD频段。

- 组合3：{接收天线数1，发射天线数1}；
- 组合4：{接收天线数2，发射天线数1}。

（3）频率范围FR2。

- 组合5：{接收天线数1，发射天线数1}；

- 组合6：{接收天线数2，发射天线数1}。

如何筛选上述这些RedCap终端最小天线数组合（是只支持其中一种，还是都需要支持）成了后续标准化的重点讨论内容之一。评估成本降低的效果需要基于R15终端最小天线组合为依据，本节将介绍降低终端接收天线数所带来的复杂度降低产生的增益，并分析性能影响，以及是否存在与传统终端的共存问题，最后总结该特性所涉及的标准化工作。

1. 复杂度降低分析

一般来说，对于一款完整的终端设备，当终端的接收天线数降低之后，其所支持的最大下行MIMO层数也相应地下降。然而，芯片设计开发与终端模组的产品开发，往往处于产业链的不同节点。从产品规模效应的角度，开发一款芯片并尽可能将其应用于多种终端模组中，能够大大降低开发成本。接收天线数与下行最大MIMO层数存在这样的关系：MIMO处理模块属于芯片设计开发的范畴，而接收天线数可以交给使用该芯片的终端模组产品设计公司去适配。因此，MIMO层数需要能够向下支持比MIMO层数更小的接收天线数，以满足网络中的各种调度场景和各种实际的终端产品需求。例如，支持4层MIMO的芯片应用于尺寸较小的、仅需要支持2个接收天线的终端模组中，也有可能被基站配置为2层MIMO模式。那么，芯片设计公司只需要开发一款支持最大4层MIMO的芯片，而终端模组公司则可以根据需要，在使用该芯片时适配1个、2个或者4个天线，这样做虽然浪费了部分芯片的处理资源和能力，但芯片设计公司因此降低了开发和设计投入，实现了长期规模效应。

3GPP在研究阶段给出了两组评估结果，一组只考虑降低终端接收天线数，另一组同时考虑了降低终端接收天线数和降低最大下行MIMO层数。

3GPP技术报告[2]的评估数据表明，在第一组仅考虑降低终端接收天线数的情况下，相比参考的NR终端天线配置，成本降低所带来的增益如下。

- FR1、FDD频段：接收天线数从2降低至1，成本下降约26%。
- FR1、TDD频段：接收天线数从4降低至2，成本下降约31%。

- FR1、TDD频段：接收天线数从4降低至1，成本下降约46%。
- FR2：接收天线数从2降低至1，成本下降约31%。

成本降低主要来源于射频滤波器，射频收发机（包括低噪声放大器、混频器，本地振荡器），基带的ADC/DAC，基带的FFT/IFFT，基带的FFT处理后的数据缓存，接收机处理模块，同步、小区搜索模块。同时，对于支持频率范围FR2的终端，其射频天线阵列的减少也是一个重要原因。另外，在实际的终端模组设备中，其射频的成本降低带来的增益会随着支持的频带数的增多而累加。

第二组在同时考虑降低终端接收天线数和降低最大下行MIMO层数的情况下，相比参考的NR终端天线配置，成本降低所带来的增益如下。

- FR1、FDD频段：接收天线数从2降低至1，成本下降约37%。
- FR1、TDD频段：接收天线数从4降低至2，成本下降约40%。
- FR1、TDD频段：接收天线数从4降低至1，成本下降约60%。
- FR2：接收天线数从2降低至1，成本下降约40%。

相比于第一组仅考虑降低终端接收天线数的情况，第二组的情况还有一些额外的成本降低来源，包括基带的LDPC译码、基带的HARQ缓存，以及基带的MIMO专属处理模块。其中射频成本降低所带来的增益随着支持的频带数的增多而累加，但是降低最大下行MIMO层数所带来的增益不随支持的频带数的增多而累加。

2. 性能影响分析

覆盖性能方面，通常来说，随着终端接收天线数的降低，下行的接收性能会随之下降，从而影响覆盖，具体影响的多少取决于终端所支持的天线数。一般来讲，接收天线数每下降一半，性能下降3dB。特别是对处于小区边缘的用户来说，接收性能的下降会导致小区下行覆盖收缩。技术文档中的评估数据表明[20]，天线数下降越多，PDCCH和PDSCH的传输性能损失越大。并且，性能损失与传输效率（调制阶数和编码速率）有关，传输效率越大（调制阶数越高或编码速率越高），性能损失越大，传输效率越小（调制阶数越低或编码速率越低），性能损失越小，如图3-1和图3-2所示。

当然，虽然终端接收天线数的减少会导致下行覆盖损失，但是并不一定会导致小区覆盖受限。在标准化过程中，各公司也进行了较为详细的覆盖评估。评估结果显示，在绝大多数场景下，终端带宽和接收天线数等能力降低之后，网络的下行链路覆盖性能仍然好于上行链路覆盖性能，上行链路仍然是网络覆盖的瓶颈。

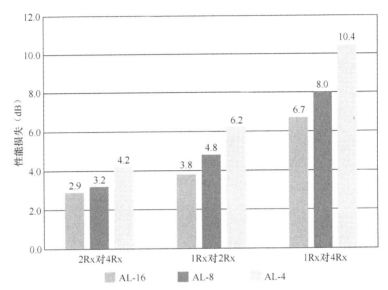

备注：Rx是指接收天线，AL是指聚合等级

图3-1 接收天线数减少给PDCCH传输带来的性能损失

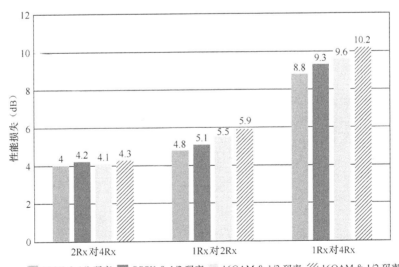

备注：Rx是指接收天线，QPSK是指四项移相键控，16QAM是指16进制正交幅度调制

图3-2 接收天线数减少给PDSCH传输带来的性能损失

网络容量和频谱效率方面，性能损失大小与网络中RedCap终端的数量、业务特征

及终端的天线数相关。在SI研究阶段对此也进行了量化的影响分析，技术文档中的评估数据表明[20]，在小区中RedCap用户的数据流量比较少的情况下，小区网络容量和频谱效率的损失也比较小，随着小区中RedCap用户数及数据流量的增加，小区网络容量和频谱效率的损失也会逐步增加，如图3-3~图3-5所示。

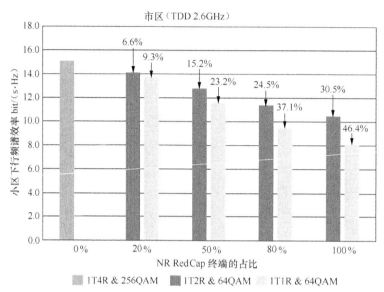

[备注：柱形图上方的百分比为相较于基线（RedCap终端占比为0%时），频谱效率降低的百分比]

图3-3 满负荷业务类型下小区下行频谱效率的损失

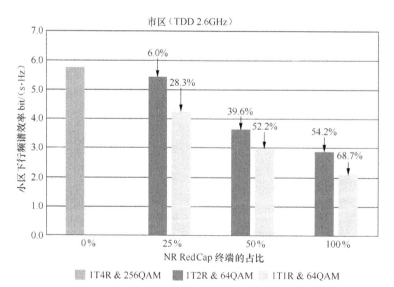

[备注：柱形图上方的百分比为相较于基线（RedCap终端占比为0%时），频谱效率降低的自分比]

图3-4 低负荷业务类型下小区下行频谱效率的损失

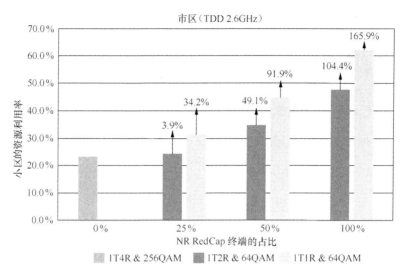

[备注：柱形图上方的百分比为相较于基线（RedCap终端占比为0%时），小区资源利用率提高的百分比]

图3-5 低负荷业务类型下小区的资源利用率

数据速率方面，随着终端的接收天线数降低，下行可支持的MIMO层数将会随之减少，终端下行峰值速率也会下降。具体地，终端接收天线数从2降低到1，下行峰值速率下降约50%，终端接收天线数从4降低到2，下行峰值速率下降约50%，终端接收天线数从4降低到1，下行峰值速率下降约75%。SI阶段的研究报告认为，降低终端接收天线数后，即使峰值速率降低也能够满足RedCap典型应用场景的峰值速率需求。换句话说，正是因为R17 RedCap典型应用场景的峰值速率需求远低于R15终端的能力，才会考虑通过各种手段降低终端能力，达成降低成本的目的。

时延和可靠性方面，降低终端的接收天线数的影响有限。对于边缘用户，由于终端接收性能变差，时延有可能增大，尽管如此，也足以满足RedCap用户在FR1和FR2上的时延要求。同样地，减少终端的接收天线分支数也能够满足RedCap用户的可靠性要求，只是在某些场景下，需要通过牺牲下行链路的频谱效率来满足可靠性。

终端功耗方面，由于使用了更少的射频链路，降低了多天线处理的复杂度，因此，射频和基带模块的瞬时功耗会降低。然而由于频谱效率降低，大负载情况的下行链路接收时延可能会更长。

PDCCH阻塞概率方面，为了补偿因终端接收天线数降低而导致的性能下降，需要使用更高的聚合级别来补偿性能。因此，如果不增加PDCCH的资源数量，则会导致

PDCCH阻塞概率增加。

3. 共存分析

减少接收天线数后的RedCap终端，应当能够与传统R15终端在同一张网络内共同存在，并且都能正常工作，互不影响。因此，需要识别潜在的问题并开展研究，寻找合适的解决方案保障这些终端的共存。

当传统终端与RedCap终端共享广播信道时，如果不提供一些新的机制，RedCap终端的引入可能会影响传统终端的广播信道接收性能。这是因为RedCap终端和传统终端的带宽能力和天线能力不同，而广播信道是所有的终端共同监听接收的，如果基站按照传统终端的能力发送广播信道，RedCap终端可能无法正确接收，如果基站按照RedCap终端的能力发送广播信道，可能导致传统终端的接收性能下降。因此，RedCap终端提前识别的工作机制显得尤为重要。通过RedCap终端提前识别，网络可以知道哪些终端是传统终端，哪些终端是RedCap终端，进而在后续的基站调度中区别对待，发挥出各自终端的最大能力，互不影响。

另外，如果RedCap终端使用更高的PDCCH聚合级别，且与传统终端共享相同的CORESET，则可能会增加传统终端的PDCCH阻塞概率，影响传统终端的性能。

4. 标准化影响分析

降低终端接收天线数的标准化，将主要影响RAN4的协议规范。这需要RAN4为降低终端接收天线数定义新的终端接收特性、解调性能要求，以及其他与信道状态信息（CSI）上报、射频、RRM测量等流程（如小区切换、小区选择或重选、无线链路管理和波束管理等）相关的要求。RAN4可能还需要为不同频段的RedCap终端评估和指定新的最小接收天线分支数。当然，对RAN4协议规范的影响也可能不限于这些方面。

此外，为了解决上述的性能和共存影响，也可能引入其他非RAN4工作组的标准化工作。例如，RAN2需要针对降低天线数的RedCap终端，定义与RRM测量相关的协议规范，主要是空中接口信令的标准化内容，特别是基于不同接收天线数的RRM测量规范，这是RedCap终端的引入带来的标准化新需求。

3.2 降低最大MIMO层数

接收天线数的降低并不意味着最大下行MIMO层数的降低。反过来，降低最大下行MIMO层数也并不意味着接收天线数会减少。保留一定数量的天线可以提高数据接收的能量，实现更好的覆盖。SI阶段对降低RedCap终端的最大下行MIMO层数的选项，进行了研究和评估，具体如下。

- FR1、FDD频段：MIMO为1层。
- FR1、TDD频段：MIMO为1层或2层。
- FR2：MIMO为1层。

评估成本降低的效果，需要基于一定的参考配置作为评估的基准，这里所参考的基准如下。

- FR1、FDD频段：MIMO为2层。
- FR1、TDD频段：MIMO为4层。
- FR2：MIMO为2层。

本节将介绍降低最大下行MIMO层数导致的复杂度降低所带来的增益，分析性能影响，是否存在与传统终端的共存问题，以及所涉及的标准化工作带来的影响。

1. 复杂度降低分析

3GPP技术报告中的评估数据表明[2]，根据各个参与评估的公司提供的结果可以看到，最大下行MIMO层数从2降低到1，FR1的FDD频段的终端成本降低约12%；FR1的TDD频段，将最大下行MIMO层数从4降低到2，终端成本降低约11%，将最大下行MIMO层数从4降低到1，终端成本降低约17%；FR2，将最大下行MIMO层数从2降低到1，终端成本降低约11%。

相比参考的基准，成本降低所带来的增益主要来源于基带部分，包括接收器处理模块、LDPC译码、HARQ缓存和MIMO特定的处理模块。

此外，与降低天线数带来的射频成本下降不同，这些基带部分节省的成本不会在支持的频段数内累积。需要注意的是，对于支持FR1内多个频段的终端，基带成本、复杂度的降低可能会受到最大下行MIMO层数的频带的限制。

2. 性能影响分析

覆盖方面，减少最大下行MIMO层数不会影响覆盖范围，每层的性能仍然保持不变。

网络容量和频谱效率方面，由于减少最大下行MIMO层数会降低峰值数据速率，因此会降低网络容量和频谱效率。特别是对一些处于良好的无线信道条件下的终端而言，频谱效率下降会更加明显。

数据速率方面，减少最大下行MIMO层数将降低下行峰值数据速率：

- 将最大下行MIMO层数从2减少到1，下行峰值数据速率降低约50%;
- 将最大下行MIMO层数从4减少到2，下行峰值数据速率降低约50%;
- 将最大下行MIMO层数从4减少到1，下行峰值数据速率降低约75%。

尽管峰值数据速率有所降低，但评估认为仍然能够满足RedCap用例的峰值数据速率要求。

时延和可靠性方面，减少MIMO层数不会显著影响时延和可靠性。对于一些信道条件比较好的终端，可能导致时延有一定增大。但评估认为大多数RedCap用例的时延要求仍然可以被充分满足。

3. 共存分析

减少RedCap终端的最大下行MIMO层数对共存影响不大，因为终端的最大下行MIMO层数只是约束终端所能使用的最大的MIMO层数，而终端实际使用的MIMO层数小于或等于最大MIMO层数，这部分功能和R15相比没有任何变化。

一般来讲，基站会根据终端所处的无线信道条件（如信道的秩等）自适应地调整终端传输时的下行MIMO层数，当然对于多用户MIMO（MU-MIMO），还需要考虑用户之间的干扰。总而言之，RedCap终端的最大MIMO层数降低带来的影响，主要体现在RedCap终端自身能力的降低，例如会导致RedCap终端的峰值数据速率降低，并不会对与传统终端的共存产生影响。

4. 标准化影响分析

减少RedCap终端的最大下行MIMO层数对协议规范的影响较小，因为只是层数的变化，具体每个MIMO层上的功能并未改变，协议规范本身已经支持最大层数范围内更小层数的标准化接口。最终3GPP标准工作组决定，RedCap终端可以支持1个接收天线，也可以支持2个接收天线，如果某个RedCap终端支持1个接收天线，则支持下行最大1个MIMO层，如果支持2个接收天线，则支持下行最大2个MIMO层，即最大下行MIMO层数保持与接收天线数相同。

终端可以在进入RRC_CONNECTED模式之后，向网络基站上报其所支持的最大下行MIMO层数，并通过最大下行MIMO层数与接收天线数相同，隐式地上报其所支持的接收天线数。除此之外，可以复用现有的协议规范框架，这对协议规范的标准化影响较小。

(((·))) 3.3 接收天线数的确定

在标准化讨论过程中，针对RedCap终端的接收天线具体数的确定产生了一些分歧，一部分芯片厂商和终端厂商认为RedCap终端应当支持1个接收天线，一方面是因为1个接收天线的成本更低，另一方面，对于穿戴设备如智能手表，受限于终端尺寸和制造工艺等因素，可能无法装配2个接收天线。而另一部分网络设备厂商和运营商则认为，RedCap终端应当支持2个接收天线，从而获得比1个接收天线更好的接收性能，还有一个合理的技术考量是担心当网络中出现较多支持1个接收天线的终端时，可能会对系统端到端的性能影响较大，导致无线网络的频谱效率和容量下降，进而影响传统终端在网络中的数据传输速率，尤其是TDD频段，传播损耗相对更大，运营商不希望太多的仅支持1个接收天线的终端进入网络。

最终，在经过充分讨论之后，标准同意RedCap终端支持1个或2个接收天线，RedCap

终端支持向网络设备上报其接收天线数。具体地，标准同意RedCap终端通过上报支持的最大下行MIMO层数隐式地上报其支持的接收天线数，如果RedCap终端上报支持的最大下行MIMO层数为1，则该RedCap终端支持的接收天线数为1；如果RedCap终端上报支持的最大下行MIMO层数为2，则该RedCap终端支持的接收天线数为2。

另外，为了保证网络配置的灵活性，标准同意网络可以针对支持1个接收天线的RedCap终端和2个接收天线的RedCap终端分别指示是否允许接入小区，即网络可以仅允许支持1个接收天线的RedCap终端接入小区，也可以仅允许支持2个接收天线的RedCap终端接入小区，还可以同时允许支持1个接收天线和2个接收天线的RedCap终端接入小区，或者同时不允许支持1个接收天线和2个接收天线的RedCap终端接入小区。这样既保证了终端厂商有一定的选择自由度，也给运营商提供了自主控制终端接入小区的管理手段和方法。

(•) 3.4 标准体现

针对终端天线数降低和MIMO层数降低的标准化工作，标准协议规范影响的范围主要在RAN4和RAN2。

RAN4需要为降低了接收天线数的RedCap终端定义新的接收特性和解调性能需求，以及与信道状态信息上报相关的需求、无线射频、无线资源管理及其他过程，如小区切换或者（重）选择、无线链路监听、波束管理等。

RAN2标准化工作主要体现在RedCap终端支持降低最大下行MIMO层数，并将该数值上报给网络的具体信令。因为最大下行MIMO层数和接收天线数相同，而最大下行MIMO层数这个信令字段之前就已经存在，只需要为RedCap终端引入新的标识即可。RAN2的另外一部分标准工作，则是针对降低天线数的RedCap终端，定义其无线资源管理（RRM）测量相关的协议规范，主要是空中接口信令的标准化，特别是基于不同接收天线数的无线资源管理（RRM）测量，这部分内容是RedCap终端的引入带来的标准化新需求。

第4章

半双工技术

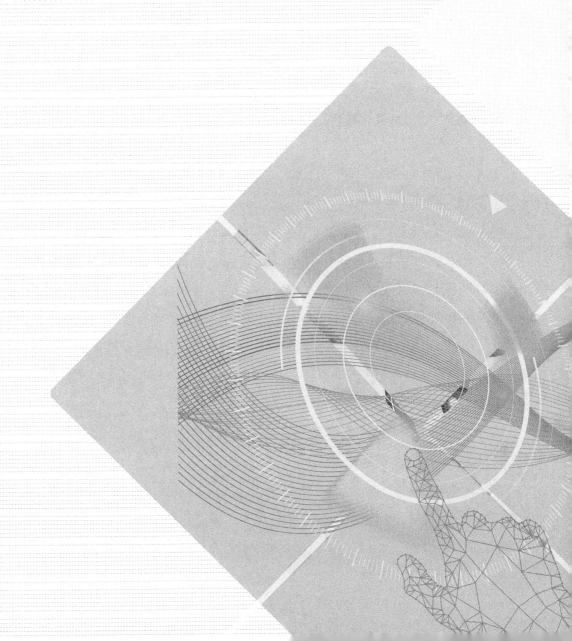

半双工频分双工（HD-FDD）指的是在终端支持频分双工（FDD）的基础上，进一步限制其不能同时发射和接收信号，即同一个终端的发射和接收在时间上要错开。R17 RedCap终端可选择性地支持类型A（Type A）半双工频分双工能力，如果终端未上报该能力，网络则认为终端支持频分双工的能力。

当网络中同时存在HD-FDD终端和FDD终端时，一些按照FDD方式配置或者调度的信道及信号，可能会出现同一时刻上行传输与下行传输重叠的情况，但HD-FDD终端无法对重叠的部分同时进行发射和接收，因此需要在标准中明确面对这种上行发射和下行接收同时出现的场景，HD-FDD终端应如何做出选择，即如何解决冲突。本章将会详细介绍在不同的上行发射和下行接收冲突场景下的HD-FDD终端冲突解决机制。

📡 4.1 HD-FDD性能分析

在LTE时代，HD-FDD已经成为进一步降低终端成本的手段之一。FDD终端能同时接收信号和发射信号，主要是依赖于射频器件"双工器"。HD-FDD终端通过使用开关和滤波器代替同时接收信号和发射信号的双工器，从而达到降低终端成本的目的。因此，HD-FDD终端虽然可以接收信号和发射信号，但是二者不能同时进行。

HD-FDD有两种类型：Type-A半双工和Type-B半双工。

Type-A半双工终端的上行发射和下行接收的转换时间较短，其取值如表4-1所示[21]。Type-A半双工终端在接收下行信号的最后一个符号之后的 $N_{Rx-Tx}T_c$ 时间之内不发射上行信号。同样地，在发射上行信号的最后一个符号之后的 $N_{Rx-Tx}T_c$ 时间之内不接收任何下行信号，即只有在经历一定的转换时间之后才能进行反方向的数据传输，其中，T_c 为NR系统的基本时间单位[21]。

Type-B半双工终端的上下行传输转换时间要比Type-A半双工终端的更长，这使终端的上行发送链路和下行接收链路能共享一个单频振荡器，可进一步降低终端成本。具体的转换时间，是在下行接收和上行发射之间或者在上行发射和下行接收之间的切换处插入一个子帧的时间长度（作为保护间隔用于转换）。在该转换时间内，Type-B半双工终端可以重新调整载波频率。

表4-1 转换时间 $N_{\text{Rx-Tx}}$ 和 $N_{\text{Tx-Rx}}$（T_c为单位）

转换时间	FR1	FR2
$N_{\text{Tx-Rx}}$	25600	13792
$N_{\text{Rx-Tx}}$	25600	13792

Type-A和Type-B两种半双工类型在最初的RedCap讨论过程中均作为候选技术。考虑到工作量和聚焦的三种主要应用场景，在R17中优先研究Type-A半双工。

接下来分别介绍引入HD-FDD技术所带来的复杂度降低影响分析、性能影响分析、与传统终端的共存分析，以及所涉及的标准化影响分析。

1. 复杂度降低分析

相比于参考NR终端，采用Type-A半双工终端，节省的大部分成本来自于将双工器替换为开关和滤波器；采用Type-B半双工终端，上行发射和下行接收可以共享同一个本地振荡器，因此可以额外节省一些射频收发器的成本。

有些参与标准化的公司指出，移除双工器还可以减少下行接收链路和上行发射链路的插入损耗，从而可以降低功率放大器（PA）功耗，并且可以放宽低噪声放大器（LNA）灵敏度要求，进一步降低终端复杂度。

基于各家公司的分析结果，采用Type-A半双工终端和Type-B半双工终端可以分别降低大约7%和10%的成本。引入HD-FDD技术带来的终端成本降低所产生的增益随着终端支持的频带数的增加而累加，但对于HD-FDD是否能够带来终端尺寸的减小没有明确的结论。

2. 性能影响分析

覆盖方面，如果应用场景对通信时延和数据速率没有严格的要求，那么HD-FDD技术并不会导致覆盖损失，反之则会影响覆盖性能。HD-FDD技术虽然降低了终端的成本，但是半双工终端不能同时接收信号和发射信号，并且还引入了额外的时间保护间隔，增加了处理时延。因此，对覆盖的影响，取决于具体应用对通信时延和数据速率的要求。

网络容量和频谱效率方面，HD-FDD技术对频谱效率和网络容量的影响很小。虽然HD-FDD终端不能同时接收和发射信号，但是网络依然可以。因半双工终端能力限制导致无法使用的资源，网络仍然可以将这些资源用于和其他终端的通信。

数据速率方面，HD-FDD技术对上行发射链路或下行接收链路的瞬时数据速率影响较小，因为瞬时数据速率的定义仅和传输数据块大小及该数据块所占用的调度传输资源有关，在这一点上HD-FDD和FDD没有本质区别。HD-FDD接收和发送方式与时分双工（TDD）类似。相比于FDD，HD-FDD会降低终端用户的峰值吞吐量，尤其是在终端侧下行业务和上行业务同时存在的情况下，HD-FDD可能无法同时满足下行和上行的峰值数据速率要求。

通信时延方面，HD-FDD引入了比FDD更长的时延，但在单一传输方向上（下行接收或上行发射）仍然可以满足RedCap用例的时延要求。

终端功耗方面，引入HD-FDD可以降低终端侧的插入损耗，从而可以在上行实现更高的功率效率并降低功耗。此外，相比于传统的NR调制解调器，半双工操作意味着某些组件可以在某些情况下工作在低功率状态。但同时，HD-FDD可能对终端的平均功耗产生负面影响，原因是终端在返回较低功耗的浅睡眠或者深睡眠状态之前需要保持更长时间的激活状态（半双工传输导致完成上行和下行传输的时间变长），具体影响与终端的具体实施方式和业务特征相关。

PDCCH阻塞概率方面，当终端正在发射上行信号时，HD-FDD终端无法同时接收PDCCH，从而增加了PDCCH的阻塞概率。

3. 共存分析

在FDD的基础上，引入HD-FDD技术可能会增加基站（gNB）的处理复杂度。相比支持Type-A半双工，支持Type-B半双工对基站的调度处理影响更大。

在基站处理终端接入网络的过程中，Type-B半双工终端会对随机接入（RACH）过程产生潜在影响，可能要求上行发射消息和下行接收消息之间留有更长的时间间隔，例如，从随机接入第一步消息（Msg1）的PRACH序列到基站响应终端的消息（Msg2）的切换时间间隔要加长。如果在Msg1中未进行RedCap终端的识别，则为了支持Type-B半双工终端，基站需要对其他所有终端，包括non RedCap终端都引入与Type-B半双工终端相同的从Msg1到Msg2的更长切换时间，这可能会影响其他终端的性能。而Type-A半双工操作不存在这个问题，因为它具有更快的上行发射和下行接收的转换能力。

4. 标准化影响分析

HD-FDD的引入，可能会对物理层协议，即对RAN1的技术规范产生以下影响。

（1）需要定义下行接收到上行发射，以及上行发射到下行接收的转换时间；

（2）需要定义半双工终端针对下行接收和上行发射同时出现时的冲突处理规则。

根据解决方案的不同，也有可能直接复用RAN1的技术规范来支持Type-A半双工，但对于Type-B半双工则无法直接复用。

此外，HD-FDD的引入对RAN4的规范有以下影响。

（1）需要定义HD-FDD适用的频段；

（2）需要定义HD-FDD终端的性能要求，如参考灵敏度和无线资源管理（RRM）测量要求。

(((•))) 4.2 HD-FDD的上行和下行冲突处理机制

HD-FDD的上行和下行冲突，来源于同一个5G网络中同时存在HD-FDD终端与FDD终端，进而产生的相互影响。FDD终端能够在上行和下行频带灵活调度，没有上行发射和下行接收之间转换时间的限制，因此上行发射和下行接收可以被配置在不同频带的同一个正交频分复用（OFDM）符号上。与FDD终端不同的是，HD-FDD终端无法同时进行上行发射和下行接收，需要在接收频带和发射频带之间进行调频。在某些场景下，FDD终端和HD-FDD终端可能需要同时与基站通信，为了不影响FDD终端，基站可能仍按照FDD终端配置资源，调度终端的上行和下行传输。而对于HD-FDD终端，当同一个OFDM符号上的两个频带分别配置了上行发射和下行接收时，需要制定规则以明确HD-FDD终端如何进行上行发射和下行接收的选择。

针对HD-FDD终端的冲突处理，因HD-FDD与TDD系统的接收和发射有相似之处，

3GPP标准工作组以R15/R16版本的NR TDD单载波/单小区情况下的冲突处理机制为参考，具体讨论了以下7种冲突场景的处理机制。

场景1：动态调度的下行传输与半静态配置的上行传输

动态调度的下行传输包括动态调度的PDSCH、CSI-RS。半静态配置的上行传输包括SRS、PUCCH、配置授权PUSCH（CG PUSCH）。

场景2：动态调度的上行传输与半静态配置的下行传输

动态调度的上行传输包括PUSCH、PUCCH、SRS、PDCCH触发的PRACH传输。半静态配置的下行传输包括PDCCH［包括上行取消指示（UL CI）］、SPS PDSCH、CSI-RS、定位参考信号（PRS）。

场景3：半静态配置的上行传输与半静态配置的下行传输

在TDD系统中，场景3被认为是错误场景，基站配置应避免半静态上行传输与半静态下行传输的冲突。FDD系统中由于HD-FDD终端与FDD终端共存，此时如果采用类似于TDD系统的处理方式，即认为场景3是错误场景，则会降低FDD终端性能。例如，基站配置资源时，避免小区上行公共的RO与小区下行公共的SSB，类型0/0A/1/2（Type 0/0A/1/2）CSS等时域上发生重叠，影响RO配置的灵活性，增加FDD终端接入时延。为了不降低FDD终端性能，一些小区公共的资源将按照FDD终端进行配置，HD-FDD终端不可避免地面临在某个传输方向，小区公共的半静态配置资源与另一个传输方向小区公共的半静态配置资源或终端专属的半静态配置资源发生冲突的问题，应逐一重新讨论冲突处理机制。具体来说，场景3可划分为以下4个子场景。

- **场景3-1**：终端用户级的上行传输与终端用户级的下行传输。
- **场景3-2**：终端用户级的上行传输与小区级公共的下行传输。

场景3-2中小区级公共的下行传输，仅包括Type 0/0A/1/2 CSS中的PDCCH，而下行公共信号SSB的冲突情况在场景5中讨论。

- **场景3-3**：终端用户级的下行传输与小区级公共的上行传输。

小区级公共的上行传输是指有效的随机接入RO，这部分内容合并到场景6中讨论。

- **场景3-4**：小区级公共的上行传输与小区级公共的下行传输。

场景3-4中小区级公共的下行传输包括SSB或Type 0/0A/1/2 CSS中的控制信道，小区级公共的上行传输包括有效的随机接入RO，这部分内容合并到场景6中讨论。

场景4：动态调度上行传输与动态调度下行传输

动态调度是指基站通过下行控制信息（DCI）调度终端用户级的数据传输。

场景5：SSB与上行传输

场景5进一步划分为以下3个子场景。

- 场景5-1：SSB与半静态终端用户级的上行传输。

半静态终端用户级的上行传输包括CG-PUSCH、SRS、高层配置的PUCCH。

- 场景5-2：SSB与动态调度上行传输（不包括Msg3的传输/重传和用于Msg4 HARQ反馈的PUCCH）。

- 场景5-3：SSB与Msg3的传输/重传和用于Msg4 HARQ反馈的PUCCH。

场景6：有效RO或MsgA PUSCH与下行传输

有效RO的定义可参照NR系统中TDD或FDD两种方式的有效RO定义，具体使用哪一种定义有待讨论。具体地，场景6又分为以下4种子场景。

- 场景6-1：SSB与有效RO。

- 场景6-2：有效RO或MsgA PUSCH与Type 0/0A/1/2 CSS中的PDCCH。

- 场景6-3：有效RO或MsgA PUSCH与半静态终端用户级的下行传输。

半静态终端用户级的下行传输包括USS（终端特定搜索空间）内的PDCCH、SPS PDSCH、CSI-RS或PRS。

- 场景6-4：有效RO或MsgA PUSCH与动态调度的下行传输。

场景7：上下行传输方向转换引起的冲突

场景7包括上行和下行转换时间的定义，以及当上行传输和下行传输以"背靠背"的方式出现（非重叠）时的处理方法，特别是当上行发射和下行接收的时间间隔小于上行发射和下行接收转换时间时，这种情况的处理方法。

下面将针对不同冲突情况逐一讨论处理机制。

场景1：动态调度的下行传输与半静态配置的上行传输

在TDD系统中，针对场景1的处理机制考虑了终端的PUSCH准备时间 $T_{\text{proc},2}$。如果网络通过高层信令为终端在一些符号上配置SRS、PUCCH、PUSCH或者PRACH传输，同时通过DCI调度终端在部分符号上接收CSI-RS或者PDSCH，上行发送的符号在DCI之后且距离接收到DCI的CORESET的最后一个符号的间隔在 $T_{\text{proc},2}$ 之内时，处于间隔

$T_{\text{proc},2}$ 之内的上行传输不会被取消，而处于 $T_{\text{proc},2}$ 之外的上行传输将会被取消，也就是上行传输的取消要满足时序要求。在HD-FDD情况下，大部分公司在标准化过程中同意复用TDD机制，争论点在于是复用现有时序还是对时序进行扩展以包含HD-FDD的上下行转换时间。

支持复用现有时序的公司认为时序修改仅适用于终端支持取消部分传输的情况。这种情况下，基站可以在调度动态下行传输时考虑Tx/Rx转换时间以避免与切换时间冲突，或者取消部分传输之后如果仍有符号与转换时间重叠，则按照场景7处理，不需要将转换时间延长到包括Tx/Rx的切换时间。

支持扩展时序的公司认为 $T_{\text{proc},2}$ 中已经包括了BWP的切换时间和上行天线切换时的切换间隔，引入上行和下行切换时间以及Tx/Rx切换时间也是合理的。

在讨论的后期，各公司认为通常PUSCH的准备时间 $T_{\text{proc},2}$ 远大于Tx/Rx的切换时间，因此终端可以在Tx/Rx切换的同时准备PUSCH。此外，基站应确保在下行接收之前为终端提供足够的切换时间。因此，扩展时序以包括Tx/Rx切换时间的动机并不是很充分，应复用现有时序，最终3GPP未对 $T_{\text{proc},2}$ 进行扩展。

场景2：动态调度的上行传输与半静态配置的下行传输

在3GPP RAN1#104b次会议上，各公司同意复用TDD机制，即取消此冲突场景下的下行传输，一个遗留问题是RedCap是否支持携带上行取消指示（CI）的PDCCH，以及针对携带上行CI的PDCCH的冲突处理机制是否与其他半静态配置的下行传输有所不同。

上行CI是为了解决URLLC终端抢占eMBB终端资源的问题，URLLC终端抢占eMBB终端资源后，基站通过上行CI取消eMBB终端与之重叠的资源，以保证URLLC终端数据传输的可靠性。

支持上行CI优先级高的公司认为，如果上行CI被取消，RedCap终端可能和URLLC终端在同一资源发送信息，这会给URLLC终端带来较大干扰，降低URLLC终端数据传输的可靠性。

支持复用现有处理机制的公司认为，基站调度上行传输时可避免与监听CI的搜索空间重叠。如果CI与其他半静态配置下行传输的处理机制不同，则终端在解调PDCCH之前无法区分其到底是CI还是其他PDCCH，无法确定该用哪个处理机制。

最终，HD-FDD模式下的RedCap终端不要求监听携带上行CI的PDCCH，因此携带上行CI的PDCCH的冲突不做特殊处理。

场景3：半静态配置的上行传输与半静态配置的下行传输

● 场景3-1：终端用户级的上行传输与终端用户级的下行传输。

● 场景3-2：终端用户级的上行传输与小区级公共的下行传输。

场景3-1和场景3-2的处理方式与TDD系统的处理方式类似，可以通过基站配置避免重叠。

场景4：动态调度上行传输与动态调度下行传输

场景4处理方式与TDD系统的处理方式相同，可以通过基站调度避免重叠。

场景5：SSB与上行传输

● 场景5-1：SSB与半静态终端用户级的上行传输（不包括RO）。

场景5-1的冲突问题，在研究阶段讨论了以下5种处理方法。

方法1：标准把该场景定义成错误场景，交给基站灵活处理以避免此类冲突。

反对方法1的公司，认为PUCCH和SRS与SSB的冲突可以通过网络配置的方式避免，但是对于一些短周期上行传输（如CG-PUSCH），基站很难避免此类冲突，会给基站带来不必要的配置限制。

方法2：优先SSB。

反对方法2的公司，认为配置半静态上行传输需要避开SSB，会增加上行传输的时延。

方法3：标准不定义，交给终端自行决定如何处理。

反对方法3的公司，认为存在基站检测问题，基站无法区分终端是在接收SSB，还是CG-PUSCH、PUCCH、PUSCH、SRS的传输出现了非连续传输（DTX），又或是发送了上行信息，但上行信息解调失败。

方法4：优先与SSB测量时间配置（SSB-SMTC）相关的SSB，对于其他SSB，优先半静态配置的上行传输。

方法5：初始接入优先半静态配置的上行传输，其他情况下优先SSB传输。

在标准化的过程中，方法2获得了最多的支持，因为不存在不确定的终端行为，与SSB冲突的上行资源可以配给其他FDD终端，上行资源利用率仍然较高，最终在标准中选择使用方法2。

- 场景5-2：SSB与动态调度上行传输（不包括Msg3传输/重传和Msg4 HARQ反馈的PUCCH）。

针对场景5-2，经过WI阶段的讨论，提出以下5种方法。

方法1：优先动态调度上行传输。

支持方法1的公司认为该方法保证了调度的灵活性，基站通常优先保障重要的调度，不重要的调度可不与SSB重叠，可以实现较高的资源利用率。

反对方法1的公司认为终端如果不接收SSB，则会导致RRM时序不满足要求，如果SSB与动态调度冲突和与半静态上行冲突采用不同处理机制，上行信道复用会更加复杂。

方法2：优先SSB。

支持方法2的公司认为这种处理方式简单，可以最小化对3GPP协议的影响。

反对方法2的公司认为优先SSB意味着动态调度要尽量避免与SSB重叠，大量SSB符号不能用于调度，会限制调度的灵活性，降低资源利用率。

方法3：终端自己实现。

支持方法3的公司认为终端连接态并不总是需要接收SSB，基站也并不知道终端何时接收SSB，通过终端自己实现，终端在需要接收SSB时则接收SSB，在不需要接收SSB时则基于网络的调度进行上行传输。这种情况下，由于基站仍然是FDD模式，可以同时接收和发送数据，因此，在基于终端自己实现的情况下，基站也能保证接收到上行传输数据。

反对方法3的公司认为网络调度的时候并不知道终端是否会进行上行传输。如果调度的上行资源上，终端选择了接收SSB，则上行数据调度无法正常传输。如果基站为了避免与SSB冲突，选择始终不在重叠的资源上进行上行数据调度，则会降低资源利用率。同时方法3还增加了基站检测复杂度。

方法4：优先与SSB-SMTC相关的SSB，对于其他类型SSB与上行传输的冲突，则优先动态调度的上行传输。

方法5：初始接入阶段优先动态调度的上行传输，非初始接入阶段则优先SSB传输。

随着讨论的深入，一些公司认为方法3会引入对基站和终端理解的歧义，因此排除了方法3。大部分公司支持前两种方法。场景5-1确定采用优先SSB的方式之后，大部分公司认为场景5-2应与场景5-1保持相同机制，优先SSB更为简单且对3GPP的协议影响小，因此最终的结论是将方法2作为该场景下的处理方式。

- 场景5-3：SSB与Msg3的传输/重传和用于Msg4 HARQ反馈的PUCCH。

场景5-3中的冲突情况经讨论有以下两种处理方法。

方法1：优先Msg3的传输/重传和用于Msg4 HARQ反馈的PUCCH。

支持方法1的公司认为不存在优先SSB带来的基站解调失败问题，且方法1能够缩短RedCap接入时延。

方法2：优先SSB。

支持方法2的公司认为保持与场景5-1、场景5-2统一的机制，虽然优先SSB增加了RedCap终端的接入时延，但是RedCap的大部分应用场景对时延不敏感。此外，如果Msg1做了RedCap终端的识别，调度Msg3时可以避免与SSB重叠。

反对方法2的公司认为当基站未识别HD-FDD终端时，将按照FDD终端的理解，认为与SSB重叠的符号上发送了Msg3，甚至将重叠符号上的Msg3初传或重传与那些非重叠的Msg3重传进行合并，但实际上对于HD-FDD终端，这些重叠位置上的Msg3初传并未发送，这将导致基站合并解调失败，增加RedCap终端接入时延。FDD和HD-FDD的RedCap 终端会将所有时隙都看作Msg3重复传输的可用时隙，优先SSB会导致丢弃部分与SSB重叠的Msg3重复传输。

大部分公司认为优先SSB带来的性能影响可以接受，且倾向于与SSB相关的冲突处理采用一致的机制以降低复杂度。按照冲突处理机制，优先SSB自然就丢弃了与SSB重叠的Msg3重复传输，标准最终同意选择方法2。

场景6：有效RO或MsgA PUSCH与下行传输

可按照TDD或FDD两种方式对有效RO进行定义。按照TDD方式，在SSB符号 N_{gap} 个符号之后的RO是有效RO。按照FDD方式，所有RO均是有效的RO。按照FDD和TDD定义有效RO的优缺点对比如表4-2所示。考虑到HD-FDD终端与FDD终端共存，如果按照TDD定义RO，基站需要维护TDD和FDD两种映射关系（SSB到有效RO映射），则有可能出现一个RO对应多个SSB的情况，基站解调时不知道该用哪个SSB接收滤波器。最终，标准同意按照FDD的方式定义有效RO。

表4-2 按照FDD和TDD定义有效RO的优缺点对比

	按照FDD定义有效RO	按照TDD定义有效RO
基站侧影响	支持FDD终端和HD-FDD终端共享RO，并且具有相同的SSB到RO映射关系	FDD终端和HD-FDD终端的SSB到RO映射关系不同，增加基站检测PRACH的复杂度
终端侧影响	增加随机接入时延；可能由于冲突无法在最佳SSB关联的RO发送PRACH；如果RO优先，则可能影响RRM测量性能	所有RO都可以发送PRACH
协议影响	需要设计SSB和有效RO冲突处理机制	需要为HD-FDD终端配置专属的PRACH资源

类似地，MsgA PUSCH时机定义，RO、前导序列与PUSCH资源的映射关系也与FDD系统的保持一致。

- 场景6-1：SSB与有效RO

经讨论，场景6-1有以下4种处理方法。

方法1：基于终端实现。

SSB和RO都是小区公共资源，网络始终预留用于SSB和RO传输的资源，终端根据需求选择接收SSB或发送PRACH。

方法2：在触发了随机接入流程的情况下，优先用于发送PRACH序列的RO，其他情况下优先SSB。

方法3：优先SSB。

方法4：基站调度避免SSB和RO重叠。

方法4给基站配置带来限制，考虑到HD-FDD终端与FDD终端共存，SSB有可能和RO重叠。FDD基站始终需要发送SSB和检测PRACH，方法1能够保证终端及时接收SSB或发送PRACH，此外，SSB和RO资源始终预留，不会带来资源浪费，标准最终选择方法1。

- 场景6-2：有效RO或MsgA PUSCH与Type 0/0A/1/2 CSS中的PDCCH。

场景6-2经讨论有以下5种处理方法。

方法1：优先RO。

反对方的理由是终端并不需要频繁发送PRACH，总是优先RO对基站配置Type 0/0A/1/2 CSS会施加过多限制，可能导致终端接收不到寻呼和系统信息更新，而新的系统消息可能已经包含了新的RO配置。

方法2：终端实现。

支持方的理由是终端不需要频繁发送PRACH，终端在不需要发送PRACH时可以接收PDCCH，不会增加基站复杂度。

方法3：优先在Type 2 CSS中的PDCCH，其他情况下优先有效的RO。

支持方法3的理由是寻呼时机与RO相比较少，可折中选择随机接入和接收重要下行信令。

反对方法3的一方的理由是寻呼CSS与RO重叠的情况较少，可以通过网络配置的方式避免重叠。

方法4：优先PDCCH。

方法5：网络配置优先级指示。

大部分公司倾向于对所有CSS采用相同机制，没有必要对不同CSS定义优先级。考虑到方法2不影响随机接入和寻呼等重要消息的接收，也不会对基站配置施加限制，标准最终选择方法2。

- **场景6-3：有效RO或MsgA PUSCH与半静态终端用户级的下行传输**

经讨论，场景6-3有以下5种处理方法。

方法1：优先RO。

类似于场景6-2的方法1，反对方的理由是优先RO会对基站配置的下行传输施加过多的限制，网络配置时，应避免终端用户级的下行传输与RO重叠，这样会造成下行资源浪费。此外，在PDCCH USS中监听PDCCH的情况下，很难实现与RO错开的配置。

方法2：终端实现。

反对方法2的一方的理由是对于基站和终端理解存在歧义，基站不能区分其发送的下行信息是接收失败还是因为终端在相同时刻需要发送PRACH所以没有接收下行信息，造成下行资源浪费，增加基站的复杂度。

方法3：优先终端用户级的下行传输。

方法4：错误场景。

该方法实现的效果类似于方法1。

方法5：网络配置优先级指示。

方法1和方法4对基站配置施加过多限制，而且很难避免RO和终端用户级的下行传输完全错开。方法2采用终端实现，比如不在RO的符号上配置终端用户级的下行传输或选择合适的MCS进行保守的调度，也有公司认为终端在某些条件下（如失去同步）才会发送PRACH，此时不存在下行传输漏检的问题，最终标准选择了方法2。

- 场景6-4：有效RO或MsgA PUSCH与动态调度的下行传输。

经讨论，场景6-4有以下5种处理方法。

方法1：优先动态调度的下行传输。

方法2：终端实现。

方法3：类似于场景1中根据时序决定是否取消PRACH。

支持方法3的一方认为RO属于半静态上行传输，应该与场景1的处理机制保持一致。方法2类似于方法4，方法3更像是部分取消PRACH，相比方法4具有更灵活的下行调度，更高的下行资源利用率。

方法4：优先RO。

反对方法4的一方的理由是终端并不总是需要接入，如果优先RO，则相应符号都不能用于下行传输调度，降低了资源利用率。

方法5：当取消上行PRACH的时序时，在与RO重叠的符号上不进行任何信号或信道的接收和发送。

标准最终选择了方法2。

场景7：上下行传输方向转换引起的冲突

上下行传输之间的切换时间定义复用了R15/R16半双工的切换时间定义，即HD-FDD终端不期待在一个小区的下行传输最后一个符号的$N_{\mathrm{RX\text{-}TX}}T_c$之前发送上行信息；HD-FDD终端不期待在一个小区的上行传输最后一个符号的$N_{\mathrm{TX\text{-}RX}}T_c$之前接收下行信息。$N_{\mathrm{RX\text{-}TX}}$和$N_{\mathrm{TX\text{-}RX}}$的取值与表4-1中的取值相同。

当应用了冲突处理机制之后，仍可能出现"背靠背"非重叠上下行传输的时间间隔小于切换时间的情况。如图4-1所示，当在DCI之后大于$T_{\mathrm{proc,2}}$间隔的CG-PUSCH部分取消传输之后，DCI调度的部分PDSCH符号仍与切换时间重叠。对于动态调度，基站可以通过调度避免该问题，对于半静态配置的传输，特别是小区公共资源配置的上下行传输，很难通过配置避免该问题。类似于场景3，"背靠背"非重叠上下行传输的时间间隔小于切换时间也可以分为以下4个子场景。

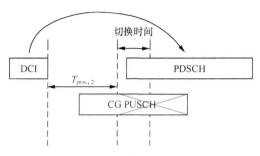

图4-1 上下行传输方向转换引起的冲突

- 场景7-1：终端用户级的上行传输与终端用户级的下行传输。

- 场景7-2：终端用户级的上行传输与小区级公共的下行传输。

例如，SSB与CG PUSCH、PUCCH或SRS。

- 场景7-3：终端用户级的下行传输与小区级公共的上行传输。

例如，USS内监听的PDCCH、SPS PDSCH、CSI-RS、DL PRS与有效RO。

- 场景7-4：小区级公共的上行传输与小区级公共的下行传输。

例如，SSB或CSS内监听的PDCCH与有效RO。

考虑到场景7的冲突情况与场景3非常类似，因此采用与场景3一致的处理机制，即场景7-1是错误场景，场景7-2取消上行传输，场景7-3取消上行传输还是取消下行传输取决于终端实现，场景7-4的处理方式取决于终端实现。

综上，HD-FDD具体冲突处理机制总结如表4-3所示。

表4-3 HD-FDD具体冲突处理机制

冲突场景	冲突处理机制	说明
场景1：动态调度的下行传输与半静态配置的上行传输	复用TDD机制。DCI之后，小于PUSCH准备时间的上行传输保持，大于PUSCH准备时间的上行传输取消	
场景2：动态调度的上行传输与半静态配置的下行传输 • 动态调度的上行传输包括PUSCH、PUCCH、SRS、PDCCH触发的PRACH • 半静态配置的下行传输包括PDCCH（包括ULCI）、SPS PDSCH、CSI-RS、PRS	复用TDD机制，取消下行传输	
场景3：半静态配置的上行传输与半静态配置的下行传输 • 终端用户级的上行传输与终端用户级的下行传输 • 终端用户级的上行传输与小区级公共的下行传输（Type-0/0A/1/2 CSS中的PDCCH）	错误场景	

续表

冲突场景	冲突处理机制	说明
场景4：动态调度上行传输与动态调度下行传输	错误场景	
场景5：SSB与上行传输 • SSB与半静态终端用户级的上行传输 • SSB与动态调度上行传输（不包括Msg3的传输/重传和用于Msg4 HARQ反馈的PUCCH） • SSB与Msg3的传输/重传和用于Msg4 HARQ反馈的PUCCH	优先SSB	
场景6：有效RO或MsgA PUSCH与下行传输 • SSB与有效RO* • 有效RO或MsgA PUSCH与Type 0/0A/1/2 CSS中的PDCCH** • 有效RO或MsgA PUSCH与半静态终端用户级的下行传输*** • 有效RO或MsgA PUSCH与动态调度的下行传输**	UE实现	• *SSB和RO都是小区公共资源，始终预留用于SSB和RO传输，终端根据需求选择接收SSB或发送PRACH • **有效RO定义同FDD终端，所有RO都是有效RO • **复用FDD MsgA PUSCH的RO/Preamble与PUSCH映射规则
场景7：上下行传输方向转换引起，"背靠背"非重叠上下行传输的时间间隔小于切换时间时，如何处理冲突	复用半双工转换时间定义	对定义符号级别保护时间没有达成共识
	• 小区级公共的下行传输与小区级公共的上行传输：终端实现 • 小区级公共的下行传输与终端用户级的上行传输：取消上行传输 • 小区级公共的上行传输与终端用户级的下行传输：终端实现 • 终端用户级的上行传输与终端用户级的下行传输：错误场景	

除了以上场景，RAN1还讨论了以下问题。

（1）是否需要为HD-FDD终端配置半静态帧结构

支持的公司认为帧结构有助于避免大部分的上下行冲突，可以解决方向切换带来的冲突，反对的公司认为已经讨论过冲突处理的机制，再配置帧结构的动机不强，而且帧结构限制了上下行切换的位置，最终未就该条目达成共识。

（2）R17 RedCap是否支持取消部分传输

部分公司认为支持取消部分传输后，将重新面临"背靠背"非重叠上下行传输时间间隔小于切换时间的情况，需要进一步讨论相关处理机制。考虑到WI面临结项，且支持取消部分传输的动机不强，最终R17 RedCap不支持取消部分传输。

（3）如何定义HD-FDD终端关于PUCCH/PUSCH重复传输的可用时隙

考虑到"背靠背"非重叠上下行传输时间间隔小于切换时间的情况也按照重叠进行冲突处理，PUCCH重复传输的可用时隙定义有以下3种方法。

方法1：对于某个时隙，SSB和PUCCH重叠或"背靠背"非重叠且时间间隔小于切换时间，该时隙不是可用时隙。

方法2：对于某个时隙，SSB和PUCCH不重叠或"背靠背"非重叠且时间间隔大于切换时间，该时隙是可用时隙。

方法3：所有时隙都是可用时隙。

方法1与方法2、方法3相比能保证更多的PUCCH重复传输。方法2中，当某时隙中PUCCH与SSB不重叠但时间间隔小于切换时间时，该时隙是否可用于PUCCH重复传输尚不明确。最终标准选择了方法1。

CG/DG PUSCH重复传输的可用时隙定义采用与PUCCH相同的定义。PUSCH重复类型B的可用符号定义采用与PUCCH相同的定义。

（4）HD-FDD终端复用/优先级处理和上下行冲突处理的顺序

TDD用户先进行复用/优先级处理，再进行上下行冲突处理，HD-FDD终端保持相同的处理顺序。

((•)) 4.3 标准体现

R17 RedCap半双工技术主要涉及物理层的协议改动。在物理层协议中，半双工技术的相关内容集中在参考文献[17]中的17.2节，包括FDD系统半双工终端的定义，以及7种上下行冲突情况的处理机制。

第5章

其他终端能力降低技术总结

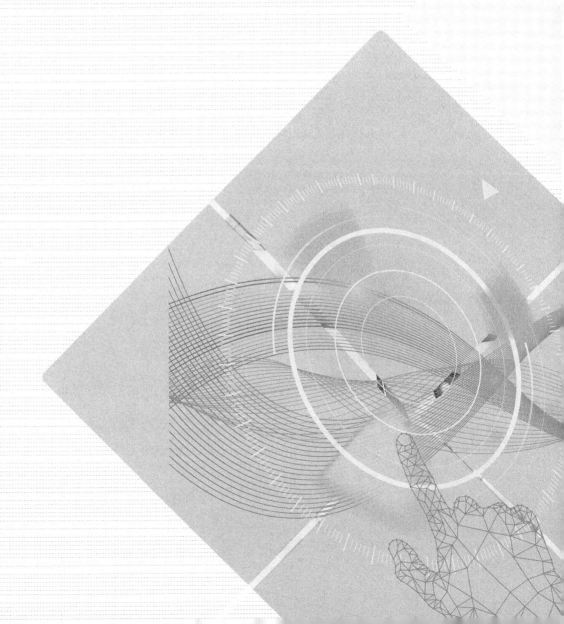

5.1　降低终端支持的最大调制阶数

降低终端支持的最大调制阶数可以减少所需的射频和基带处理数据量，从而降低终端复杂度。以下为SI阶段针对RedCap考虑的选项，对于上行链路和下行链路分别考虑的内容如下[2]。

（1）上行链路

① FR1：最大调制阶数为16QAM而不是64QAM。

② FR2：最大调制阶数为16QAM而不是64QAM。

（2）下行链路

① FR1：最大调制阶数为64QAM而不是256QAM。

② FR2：最大调制阶数为16QAM而不是64QAM。

相应地，为了评估RedCap的成本降低比例，将R15终端的基本的NR配置作为成本降低评估的参考基准，所对应的NR配置如下。

（1）上行链路

① FR1：最大调制阶数为64QAM。

② FR2：最大调制阶数为64QAM。

（2）下行链路

① FR1：最大调制阶数为256QAM。

② FR2：最大调制阶数为64QAM。

对于调制阶数降低的仿真评估仅考虑数据信道的最大调制阶数，而不考虑控制信道。接下来分别介绍降低终端最大调制阶数所带来的复杂度降低效果，分析其对性能的影响，对共存的影响，对标准化的影响。

5.1.1 复杂度降低分析

1. 降低最大上行链路调制阶数

对于FR1 FDD、FR1 TDD和FR2，将最大上行链路调制阶数从64QAM降低到16QAM，能够实现约2%的平均成本降低。成本降低来源主要包括射频的功率放大器和收发机，基带的模拟–数字转换器（ADC）/数字–模拟转换器（DAC）和上行处理模块等。

在3GPP RAN1会议讨论中，约50%的公司表示射频部分的成本降低（不是基带成本降低）在支持的频段上是可累积的。

2. 降低最大下行链路调制阶数

对于FR1 FDD和FR1 TDD频段，将最大下行链路调制阶数从256QAM下降到64QAM，能够实现约6%的平均成本降低。对于FR2，将最大下行链路调制阶数从64QAM降低到16QAM，能够实现的平均成本降低约为6%。成本降低来源主要包括射频收发机、基带的ADC/DAC、接收器处理模块、LDPC译码模块、HARQ缓存模块等。

超过70%的公司表示，成本降低不会在支持的频段上累积。降低最大调制阶数对终端成本的影响如表5-1所示。

表5-1 降低最大下行链路调制阶数对终端成本的影响

降低最大下行链路调制阶数	FR1 FDD 256QAM到64QAM	FR1 TDD 256QAM到64QAM	FR2 64QAM到16QAM
RF：天线阵列	—	—	33.0%
RF：功率放大器	25.0%	24.6%	18.0%
RF：滤波器	10.0%	14.9%	8.0%
RF：收发信机（包括低噪声放大器、混频器、本机振荡器）	42.8%	51.8%	38.8%
RF：双工器/开关	20.0%	5.0%	0.0%
RF：总计	97.8%	96.3%	97.8%

续表

降低最大下行链路调制阶数	FR1 FDD 256QAM到 64QAM	FR1 TDD 256QAM到 64QAM	FR2 64QAM到 16QAM
BB：ADC/DAC	9.0%	8.0%	3.6%
BB：快速傅里叶变换/逆变换	4.0%	4.0%	4.0%
BB：后快速傅里叶变换数据缓存	9.4%	9.4%	10.1%
BB：接收机处理模块	23.0%	27.8%	22.7%
BB：LDPC译码	7.6%	6.8%	6.3%
BB：HARQ缓存	11.0%	9.3%	8.1%
BB：下行控制处理及解码	5.0%	4.0%	5.0%
BB：同步/小区搜索模块	9.0%	9.0%	7.0%
BB：上行处理模块	5.0%	5.0%	7.0%
BB：MIMO特定处理模块	8.7%	8.7%	17.3%
BB：总计	91.7%	92.0%	91.1%
RF+BB：总计	94.8%	94.2%	94.5%

5.1.2 性能影响分析

1．性能影响

覆盖方面，最大调制阶数的降低不会影响覆盖范围，这是因为终端在小区边缘时，使用低阶的调制阶数。

网络容量和频谱效率方面，最大调制阶数的降低将会带来峰值数据速率的降低，因此将降低频谱效率。

数据速率方面，降低最大调制阶数将导致下行链路峰值数据速率降低：

- 从256QAM减少到64QAM，下行链路峰值数据速率降低约25%；
- 从64QAM减少到16QAM，下行链路峰值数据速率降低约33%。

尽管峰值数据速率有所降低，但仿真评估认为其足够满足RedCap用例的峰值数据速率要求。

时延和可靠性方面，放松最大调制阶数可能会略微增加时延。但上述所有的放宽选项都足以满足所有RedCap用例的时延和可靠性要求。

功耗方面，降低最大调制阶数能够略微降低发射信号和接收信号期间射频和基带模块的功耗，从而降低终端功耗。

2．共存分析

降低RedCap终端的最大调制阶数对RedCap终端与传统终端的共存影响有限，甚至没有影响，这是因为对于与传统终端共享的一些公共广播信道的传输，通常使用较低阶的调制阶数。

3．标准化影响分析

在不引入性能优化的前提下，降低RedCap终端的最大调制阶数对规范的影响较小。

最终在标准中仅支持将FR1 RedCap终端的下行调制阶数进行降低，即由强制支持下行256QAM降低为256QAM为可选支持。而对于上行信道，如果将64QAM进一步降低，则对RedCap支持上行为主的应用场景不友好，该方案遭到了很多公司的反对，因此没有获得支持。

5.1.3　标准体现

标准同意RedCap终端可以直接复用NR R15/R16标准规范中已经定义的MCS表和CQI表。

对于RedCap终端，64QAM的MCS表，即参考文献[11]中PDSCH和PUSCH MCS表为默认支持，并且是强制支持的选项，如表5-2和表5-3所示。此外，RedCap终端还可选择支持256QAM MCS表、64QAM低频谱效率（SE）MCS表，表5-4所示为256QAM MCS表，表5-5和表5-6所示为PDSCH和PUSCH的64QAM低频谱效率MCS表。[说明：表5-2～表5-8中的"频谱效率""效率"指的是每个资源元素（RE）能够携带的信息比特数。]

表5-2　PDSCH MCS索引表1

MCS索引（I_{MCS}）	调制阶数（Q_m）	目标码率（$R \times 1024$）	频谱效率
0	2	120	0.2344
1	2	157	0.3066
2	2	193	0.3770
3	2	251	0.4902

续表

MCS索引（I_{MCS}）	调制阶数（Q_m）	目标码率（$R \times 1024$）	频谱效率
4	2	308	0.6016
5	2	379	0.7402
6	2	449	0.8770
7	2	526	1.0273
8	2	602	1.1758
9	2	679	1.3262
10	4	340	1.3281
11	4	378	1.4766
12	4	434	1.6953
13	4	490	1.9141
14	4	553	2.1602
15	4	616	2.4063
16	4	658	2.5703
17	6	438	2.5664
18	6	466	2.7305
19	6	517	3.0293
20	6	567	3.3223
21	6	616	3.6094
22	6	666	3.9023
23	6	719	4.2129
24	6	772	4.5234
25	6	822	4.8164
26	6	873	5.1152
27	6	910	5.3320
28	6	948	5.5547
29	2	保留	
30	4	保留	
31	6	保留	

表5-3 转换预编码及64QAM的PUSCH MCS索引表1

MCS索引（I_{MCS}）	调制阶数（Q_m）	目标码率（$R \times 1024$）	频谱效率
0	q	$240/q$	0.2344
1	q	$314/q$	0.3066
2	2	193	0.3770
3	2	251	0.4902
4	2	308	0.6016

续表

MCS索引（I_{MCS}）	调制阶数（Q_m）	目标码率（R x 1024）	频谱效率
5	2	379	0.7402
6	2	449	0.8770
7	2	526	1.0273
8	2	602	1.1758
9	2	679	1.3262
10	4	340	1.3281
11	4	378	1.4766
12	4	434	1.6953
13	4	490	1.9141
14	4	553	2.1602
15	4	616	2.4063
16	4	658	2.5703
17	6	466	2.7305
18	6	517	3.0293
19	6	567	3.3223
20	6	616	3.6094
21	6	666	3.9023
22	6	719	4.2129
23	6	772	4.5234
24	6	822	4.8164
25	6	873	5.1152
26	6	910	5.3320
27	6	948	5.5547
28	q	保留	
29	2	保留	
30	4	保留	
31	6	保留	

表5-4　PDSCH MCS索引表2

MCS索引（I_{MCS}）	调制阶数（Q_m）	目标码率（R x 1024）	频谱效率
0	2	120	0.2344
1	2	193	0.3770
2	2	308	0.6016
3	2	449	0.8770

续表

MCS索引（I_{MCS}）	调制阶数（Q_m）	目标码率（$R \times 1024$）	频谱效率
4	2	602	1.1758
5	4	378	1.4766
6	4	434	1.6953
7	4	490	1.9141
8	4	553	2.1602
9	4	616	2.4063
10	4	658	2.5703
11	6	466	2.7305
12	6	517	3.0293
13	6	567	3.3223
14	6	616	3.6094
15	6	666	3.9023
16	6	719	4.2129
17	6	772	4.5234
18	6	822	4.8164
19	6	873	5.1152
20	8	682.5	5.3320
21	8	711	5.5547
22	8	754	5.8906
23	8	797	6.2266
24	8	841	6.5703
25	8	885	6.9141
26	8	916.5	7.1602
27	8	948	7.4063
28	2	保留	
29	4	保留	
30	6	保留	
31	8	保留	

表5-5　PDSCH MCS索引表3

MCS索引（I_{MCS}）	调制阶数（Q_m）	目标码率（$R \times 1024$）	频谱效率
0	2	30	0.0586
1	2	40	0.0781
2	2	50	0.0977

续表

MCS索引（I_{MCS}）	调制阶数（Q_m）	目标码率（$R \times 1024$）	频谱效率
3	2	64	0.1250
4	2	78	0.1523
5	2	99	0.1934
6	2	120	0.2344
7	2	157	0.3066
8	2	193	0.3770
9	2	251	0.4902
10	2	308	0.6016
11	2	379	0.7402
12	2	449	0.8770
13	2	526	1.0273
14	2	602	1.1758
15	4	340	1.3281
16	4	378	1.4766
17	4	434	1.6953
18	4	490	1.9141
19	4	553	2.1602
20	4	616	2.4063
21	6	438	2.5664
22	6	466	2.7305
23	6	517	3.0293
24	6	567	3.3223
25	6	616	3.6094
26	6	666	3.9023
27	6	719	4.2129
28	6	772	4.5234
29	2	保留	
30	4	保留	
31	6	保留	

表5-6　转换预编码及64QAM的PUSCH MCS索引表2

MCS索引（I_{MCS}）	调制阶数（Q_m）	目标码率（$R \times 1024$）	频谱效率
0	q	60/q	0.0586
1	q	80/q	0.0781
2	q	100/q	0.0977
3	q	128/q	0.1250
4	q	156/q	0.1523
5	q	198/q	0.1934
6	2	120	0.2344
7	2	157	0.3066
8	2	193	0.3770
9	2	251	0.4902
10	2	308	0.6016
11	2	379	0.7402
12	2	449	0.8770
13	2	526	1.0273
14	2	602	1.1758
15	2	679	1.3262
16	4	378	1.4766
17	4	434	1.6953
18	4	490	1.9141
19	4	553	2.1602
20	4	616	2.4063
21	4	658	2.5703
22	4	699	2.7305
23	4	772	3.0156
24	6	567	3.3223
25	6	616	3.6094
26	6	666	3.9023
27	6	772	4.5234
28	q	保留	
29	2	保留	
30	4	保留	
31	6	保留	

对于RedCap终端，与表5-2相对应的"CQI表1"是强制支持的，表5-7是RedCap终端的CQI表1，并且RedCap终端可选支持的与表5-4相对应的"CQI表2"为表5-8，

与表5-5相对应的"CQI表3"则为表5-9。

表5-7 4比特CQI表1

CQI索引	调制	码率x1024	效率
0	范围之外		
1	QPSK	78	0.1523
2	QPSK	120	0.2344
3	QPSK	193	0.3770
4	QPSK	308	0.6016
5	QPSK	449	0.8770
6	QPSK	602	1.1758
7	16QAM	378	1.4766
8	16QAM	490	1.9141
9	16QAM	616	2.4063
10	64QAM	466	2.7305
11	64QAM	567	3.3223
12	64QAM	666	3.9023
13	64QAM	772	4.5234
14	64QAM	873	5.1152
15	64QAM	948	5.5547

表5-8 4比特CQI表2

CQI索引	调制	码率x1024	效率
0	范围之外		
1	QPSK	78	0.1523
2	QPSK	193	0.3770
3	QPSK	449	0.8770
4	16QAM	378	1.4766
5	16QAM	490	1.9141
6	16QAM	616	2.4063
7	64QAM	466	2.7305
8	64QAM	567	3.3223
9	64QAM	666	3.9023
10	64QAM	772	4.5234
11	64QAM	873	5.1152
12	256QAM	711	5.5547
13	256QAM	797	6.2266
14	256QAM	885	6.9141
15	256QAM	948	7.4063

表5-9　4比特CQI表3

CQI索引	调制	码率x1024	效率
0	范围之外		
1	QPSK	30	0.0586
2	QPSK	50	0.0977
3	QPSK	78	0.1523
4	QPSK	120	0.2344
5	QPSK	193	0.3770
6	QPSK	308	0.6016
7	QPSK	449	0.8770
8	QPSK	602	1.1758
9	16QAM	378	1.4766
10	16QAM	490	1.9141
11	16QAM	616	2.4063
12	64QAM	466	2.7305
13	64QAM	567	3.3223
14	64QAM	666	3.9023
15	64QAM	772	4.5234

如果一个RedCap终端上报支持PDSCH的256QAM，则PDSCH的256QAM MCS表（表5-4）和"CQI表2"（表5-8）均可以支持。

另外，标准还将PDSCH的64QAM低频谱效率MCS表（表5-5）与"CQI表3"（表5-9）进行了解耦，一个RedCap终端可以独立上报支持其中的任意一个。同时，标准还将PDSCH的64QAM低频谱效率MCS表（表5-5）和PUSCH的64QAM低频谱效率MCS表（表5-6）进行了解耦，一个RedCap终端可以独立上报支持其中的任意一个。

(···) 5.2　降低对终端处理时延的要求

系统时延的大幅降低是5G NR相较于LTE的一大优势。由于基站侧的处理能力很强，为了降低5G系统时延，NR标准R15从终端处理能力入手，定义了终端数据处理时延和CSI计算时延。其中，数据处理时延是对终端从收到对应的调度信息（承载于PDCCH）到能够发送对应的数据信道，或收到PDSCH到能够反馈其对应的HARQ-ACK

信息的最小时间的限定。

NR中定义了两种数据处理时延,包括处理能力1和处理能力2。处理能力1面向eMBB业务,是所有5G终端必须具备的处理能力;处理能力2是为URLLC业务而设计的,进一步压缩了数据处理时延,对终端能力的要求也更高。对于承载下行数据的PDSCH的处理能力用$N1$表征;对于承载上行数据的PUSCH处理能力用$N2$表征。

CSI计算时延包括Z和Z'两部分,Z部分表示以接收到触发该CSI的PDCCH为起点到CSI上报的时延,Z'部分表示以接收到对应参考信号(如CSI-RS)为起点到CSI上报的时延。CSI时延与子载波间隔、参考信号的位置和所占用的符号数等部分调度参数有关,具体要求可以参见参考文献[21]。

在RedCap的SI研究过程中,降低对终端处理时延的要求主要是考虑更宽松的$N1$和$N2$值。在仿真评估的过程中,考虑将其放宽为R15定义的终端处理能力1的两倍,即对于15kHz、30kHz、60kHz和120kHz的子载波间隔,$N1$=16、20、34和40个符号[假设仅考虑前置解调参考信号(DMRS)];$N2$=20、24、46和72个符号。类似地,还考虑了宽松的CSI计算时间,假设Z和Z'相比参考文献[21]中第5.4节中定义的值增加了一倍。

5.2.1　复杂度降低分析

通过对3GPP各公司提交的评估结果计算平均值可以发现,降低对终端处理时延的要求所带来的成本降低约为6%,对于FR1 FDD、FR1 TDD和FR2 TDD估算结果相近。

通过增加$N1$和$N2$,终端可以有更长的时间处理PDCCH和PDSCH,以及准备PUSCH和PUCCH,从而降低了终端的复杂性。

相比所参考的NR配置,成本降低主要源自基带部分,包括接收机处理模块、LDPC译码、下行控制处理和译码器、上行处理模块。就$N1$和$N2$而言,降低对终端处理时延的要求是否可以降低"下行控制处理和译码器"模块中的成本/复杂性取决于终端实现,即不同的终端实现方式可能有不同的成本/复杂性降低的效果。降低对终端处理时延要求所带来的成本降低不会随着所支持频带数的增加而累加。

另外，在评估的过程中，有的公司提供了仅降低CSI计算时间的成本估算。从估算结果来看，FR1 FDD成本降低约5%，FR1 TDD成本降低约4.5%，FR2 TDD成本降低约6%。具体的降低情况可参见参考文献[2]中的7.5节。

5.2.2　性能影响分析

1．性能影响

覆盖方面，就$N1$和$N2$而言，更宽松的终端处理时间不会对覆盖性能产生影响。

网络容量和频谱效率方面，基于不同的gNB调度器实现算法，对$N1$和$N2$引入更宽松的终端处理时间对网络容量或频谱效率的影响较小。

数据速率方面，就$N1$和$N2$而言，更宽松的终端处理时间预计不会对瞬时峰值数据速率产生影响。如果延长HARQ的往返时间，有可能降低终端吞吐量，但即便如此，仍然可以满足RedCap用例的吞吐量要求。

时延和可靠性方面，就$N1$和$N2$而言，宽松的终端处理时间对时延有一定的影响。对于下行链路传输，宽松的$N1$值会影响接收PDSCH之后多久可以发送 HARQ-ACK反馈。对于上行链路传输，宽松的$N2$值会影响PUSCH的调度速度。对时延的影响取决于应用场景和调度的重传次数。

功耗方面，通过增加$N1$和$N2$来降低对终端的处理时延的要求，可以允许终端工作在更低的时钟频率和更低的电压，有助于降低终端功耗。宽松的终端处理时间对功耗的影响取决于终端实现和业务特征。

2．共存分析

在RedCap终端与传统终端共存的场景中，宽松的$N1$和$N2$取值会增加RedCap终端调度的复杂性。

如果不支持在Msg2调度之前对RedCap终端进行提前识别或无法实现保守调度，则RedCap终端在初始接入期间会出现一些共存问题。如果gNB根据RedCap终端的宽松时序关系调度所有终端，则会增加传统终端的控制面时延。

3. 标准化影响分析

如果在$N1$和$N2$方面放宽对终端处理时延的要求，就需要引入新的终端处理时间能力定义。此外，还需要定义新的$N1$和$N2$数值，以及定义如何由$N1$和$N2$数值来确定PDSCH处理时间和PUSCH准备时间。根据$N1$和$N2$值的放宽程度，可能还需要更新协议定义的默认时域资源分配（TDRA）表及HARQ-ACK的时序范围。

降低对终端处理时延的要求所带来的成本降低产生的增益有限，但是对标准化的影响较大，因此未进入最终标准化的范畴。

(((•))) 5.3 高层能力降低

除了本章所述的物理层能力的降低外，还有一些高层能力（Upper Layer Capability）也需要针对RedCap终端降低复杂度及降低成本的要求，进行能力降低。在RAN2对高层能力降低的讨论中，主要聚焦以下4项高层能力。

- 终端支持的最大数据无线承载（DRB）数量。
- 层2（L2）的总缓存大小。
- 分组数据汇聚协议（PDCP）及无线链路层控制协议（RLC）可确认模式（AM）序列号（SN）长度。
- RRC处理时延。

5.3.1 复杂度降低分析

1. 终端支持的最大DRB数量

在SI阶段，3GPP RAN2便针对是否需要减小RedCap终端强制支持的最大DRB数量进行了讨论。考虑到支持多个DRB的需求一般是针对终端有多个业务场景、业务类型的情况，而RedCap适用场景相对有限，对大量DRB需求相比正常/传统终端来说更小。另外，DRB支持数量也将直接影响终端芯片对于缓存容量和内存的设计，而这两部分也是终端芯片设计制作的一个主要成本开销。基于上述两点，在3GPP RAN2讨论中，大部分公司认为，可以减少RedCap终端强制支持的最大DRB数，在满足其场景业务需求的同时，降低成本开销。但是，也有少部分公司认为，等到WI阶段明确RedCap终端支持的功能后，再来讨论是否降低及如何降低终端支持的最大DRB数量会更合理。因此，SI初期阶段仅同意，RedCap终端强制支持的最大DRB数量是一项可以降低的能力，具体数值在WI阶段讨论。

传统终端支持的最大DRB数是16个，基于前述理由，且考虑到RedCap终端无须支持双连接，因此WI阶段最终决定，RedCap终端必须支持的最大DRB数为8，而支持最多16个DRB则是RedCap终端的一项可选能力。

2. L2总缓存大小

参考文献[22]中定义了L2总缓存大小为终端能够存储的所有无线承载在RLC发送窗口和RLC接收与重组窗口，以及PDCP重排序窗口的字节数之和。所需的总的层2缓存大小由所支持的多制式双连接（MR-DC）或NR频段组合中的每个频带组合和应用特性集组合的所有计算的缓存的最大总的层2的缓存大小决定。

L2缓存数据的多少可以用于辅助基站调度决策，它的计算与上下行最大数据传输速率有关，而上下行最大传输速率又与调度所使用的带宽、调制阶数等有关。在3GPP RAN2对这个问题的讨论中，大部分公司认为，既然已经同意对RedCap终端带宽、调制阶数进行降低，那么基于现有公式，L2总缓存大小也会随之降低，因此无须将该参数进一步降低。

在对L2总缓存大小降低的必要性及方法的讨论中，考虑到L2总缓存大小的计算中包含参数"缩放因子"的影响。而是否需要为RedCap终端引入更小的"缩放因子"，是RAN1的工作范畴，因此RAN2发送联络函给RAN1以确认标准化进展。但从RAN1的回复来看，RAN1的讨论情况与RAN2类似，各个公司对于是否需要降低L2总缓存大小，以及具体采用的方法都没有达成共识，因此，若RAN2无额外需求，则RAN1在R17不再讨论该问题。基于RAN1和RAN2的讨论情况，RAN2最终决定不对该参数进行降低。

3. PDCP及RLC AM SN长度

SN是用于对PDCP/RLC服务数据单元（SDU）进行编号，并确定重排序或发送/接收窗口的数值。以PDCP SN为例，其长度可以配置为12或18比特，PDCP SN的长度是网络通过高层参数（pdcp-SN-SizeUL或pdcp-SN-SizeDL）指示的，如表5-10所示。

表5-10 PDCP SN长度

长度（bit）	用途
12	UM DRB、AM DRB、无线信令承载（SRB）
18	UM DRB、AM DRB

类似地，RLC层也需要对数据包进行编号，不同RLC模式下SN长度及编号方式有所不同。其中，在AM模式下，SN长度可以为12或18比特，每增加一个RLC SDU，SN增加1；而在非确认模式（UM）下，SN长度为6或12比特，且不同于RLC AM模式，每增加一个分段RLC SDU，SN增加1。

SN长度本质上是反映缓冲区大小的能力。RedCap终端所需的峰值数据速率较低，这就意味着RedCap终端所需支持的缓冲区大小也可以相应减小。因此，在3GPP RAN2的讨论中，较多公司认为RedCap终端不需要像传统终端那样有支持18比特SN的能力，建议考虑减少RedCap终端强制支持的PDCP SN和RLC AM SN的长度。经过SI和WI阶段的充分讨论，标准最终同意支持12比特的SN长度是RedCap的一项强制无须信令告知的能力，而对18比特SN长度的支持则是RedCap终端的一项可选能力。

4. RRC处理时延

类似于本小节对其他高层能力的讨论，在SI初期阶段，部分公司认为RedCap应用场景相对于传统终端来说，对速率要求更低，因此无须过于严格要求RRC处理时延，可以适当放松；但是也有一部分公司认为如果放宽RRC处理时延，则容易造成更久的RRC配置混乱，不利于网络资源的高效调度，且相对其他高层能力降低来说，对RRC处理时延要求的放宽带来的增益也不够明显和清晰，因此无须降低。最终，考虑到对网络侧的影响，决定不对RedCap终端的RRC处理时延进行降低。

5.3.2 性能影响分析及标准体现

1. 性能影响

高层能力降低主要会对终端芯片缓存容量和内存等的设计产生影响，从而达到降低终端成本的目的。

2. 标准体现

经过充分讨论，RAN2最终决定进行降低的高层能力包括：终端支持的最大DRB数量及PDCP/RLC AM SN长度，主要在协议中得以体现（见参考文献[22]）。其中，RedCap终端支持的最大DRB数量，可通过信息元素（IE）supportOf16DRB-RedCap-r17的值来表征，该IE标识终端最多支持的DRB数量是否为16，如表5-11所示。

表5-11 supportOf16DRB-RedCap-r17

参数定义	粒度	是否必须	FDD-TDD是否存在差异
用于表明RedCap终端是否支持16个DRB，该能力仅适用于RedCap终端，因为对其他终端而言，支持16个DRB是一项必须具备的能力	每个终端	否	否

PDCP SN长度通过IE longSN-RedCap-r17进行约束/指示，如表5-12所示。

表5-12 longSN-RedCap-r17

参数定义	粒度	是否必须	FDD-TDD是否存在差异
用于表明RedCap终端是否支持18比特的PDCP SN长度，该能力仅适用于RedCap终端，因为对其他终端而言，支持长序列号是一项必须具备的能力	每个终端	否	否

类似地，AM模式下的RLC SN长度通过IE am-WithLongSN-RedCap-r17来表示，如表5-13所示。

表5-13 am-WithLongSN-RedCap-r17

参数定义	粒度	是否必须	FDD-TDD是否存在差异
用于表明RedCap终端是否支持对于AM DRB采用18比特的RLC SN长度，该能力仅适用于RedCap终端，因为对其他终端而言，支持长序列号是一项必须具备的能力	每个终端	否	否

第6章

节能技术

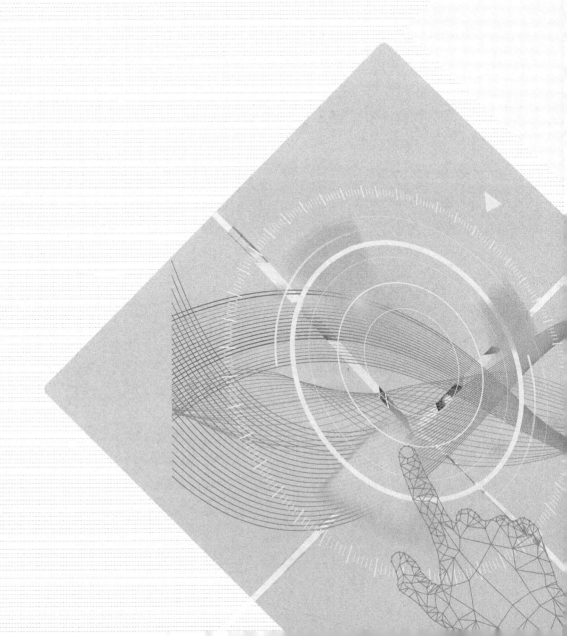

良好的用户体验是5G NR成功的关键，功耗是用户体验的重要影响因素之一。对于RedCap终端，功耗更是至关重要的。尤其对于可穿戴设备、工业无线传感等对设备待机时长有一定要求的典型用例，实现设备的低功耗运作可给续航能力提供强有力的保障。因此，针对RedCap，3GPP标准化支持增强型非连续性接收（eDRX）和RRM测量放松两个特性。

6.1 终端节能候选技术

物联终端对电池续航有一定的要求，例如，工业无线传感的电池一般要求至少持续工作几年，可穿戴设备一般要求支持数天甚至1～2周，因此，终端节能对物联终端来说一直是重要的研究方向。在R17 RedCap SI阶段，标准组在终端节能领域主要研究了以下三项终端节能技术。

- 减少PDCCH检测次数。
- 空闲态、非激活态eDRX。
- 静止终端的RRM测量放松。

6.1.1 减少PDCCH检测次数

PDCCH盲检和接收一直是节能方面的一项重要课题，在RedCap标准讨论中，曾经对PDCCH相关的节能方案进行了研究和评估，主要包括以下三个方案。

（1）方案1：减少每时隙最大盲检次数

在R15和R16的NR设计中，每时隙PDCCH最大盲检次数是根据子载波间隔来定义的，如表6-1所示，RedCap通过降低这个最大值来实现节能。此外，在R15和R16中，终端能够检测的不同DCI负载大小的最大数量为4，即终端在每个小区中可检测的DCI负载大小最多可以有4个不同的大小，其中用于C-RNTI加扰的PDCCH的DCI负载大小最多有3个。R17对两种方法进行了研究，分了Alt1a和Alt1b两种选项：

- Alt1a：降低每时隙的最大盲检次数，同时降低可检测的DCI负载大小数量；

- Alt1b：降低每时隙的最大盲检次数，同时保持可检测的DCI负载大小数量。

表6-1　R15/R16 PDCCH盲检次数上限

子载波间隔（kHz）	15	30	60	120
每时隙的最大盲检测次数	44	36	22	20

（2）方案2：扩大PDCCH时隙级检测间隔

在NR R15和R16中，PDCCH监听周期是可配的，根据终端的能力可以配置几个符号到2560个时隙。方案2是将两次连续PDCCH检测时机、跨度、时隙之间的最小间隔扩大到X时隙，其中X>1。在间隔内，终端不需要进行PDCCH监听，也能实现节能。

（3）方案3：PDCCH盲检参数的动态调整

在NR R15和R16中，PDCCH监听的参数是通过RRC信令以搜索空间集合为单位来配置的。该方法允许动态调整PDCCH盲检的次数，例如，每个PDCCH监听时机的最大PDCCH候选数量，以及两次连续PDCCH监听时机之间的最小时间间隔等。

减少PDCCH检测次数的候选技术与R17的终端节能议题存在重叠，因此在WI阶段不在RedCap的标准化过程中讨论。

6.1.2　空闲态、非激活态eDRX

在LTE时代，标准已经引入了eDRX机制。在LTE支持的eDRX机制中，只有当终端具有核心网提供的非接入层（NAS）的eDRX配置时，终端才可以在eDRX模式下工作，并且网络在系统信息中会指示服务小区是否支持eDRX。在RRC_IDLE模式下，eDRX周期最大值为2621.44s（43.69min）。对于NB-IoT终端，eDRX周期最大值为10485.76s（2.91h）。由于eDRX周期较长，因此在eDRX机制中引入了超帧（H-SFN）的概念，一个超帧由1024个无线帧组成，当系统帧号（SFN）达到1023后翻转为0时，超帧号加1，超帧是在系统信息中广播的。寻呼超帧（PH）是指终端在一个寻呼时间窗（PTW）内监听寻呼的超帧。

在R17 RedCap SI阶段，RAN2针对RRC_IDLE和RRC_INACTIVE的eDRX机制做了

如下研究。

1. UE功耗分析

一些评估数据表明,eDRX机制的使用可以改善终端的电池寿命。有评估数据发现,在RRC_IDLE模式下的DRX周期（等于PTW长度）由2.56s降低到320ms时,持续10485.76s（2.91h）的eDRX在高SINR下可以带来34%~80%的节能增益。

从RAN2的角度看,eDRX的使用是有利于降低终端功耗的,而且是可以标准化的。RRC_IDLE和RRC_INACTIVE模式下都可以考虑引入eDRX机制。

RAN2也研究了RedCap终端支持RRC_INACTIVE模式下周期超过10.24s时的eDRX增益,具体如下。

（1）RRC_INACTIVE模式下eDRX周期超过10.24s时,能够有效地支持R17小数据传输（SDT）的应用,比如,对于某些周期大于10.24s的周期性上行数据的应用场景。参考文献[5]提供了一些比较适用的应用场景,例如,一些需要传输小包,并且有严格的电池寿命要求,但是对下行业务时延并不敏感的工业无线传感场景。

（2）一些评估数据表明RRC_IDLE模式下的eDRX的周期范围由10.24s增加到数分钟时,有明显的节能增益,其中还有额外的信令开销降低所带来的增益。但基于这些结果,如果只是在RRC_IDLE模式应用eDRX,考虑到信令开销的影响,在某些场景（如1min的到达间隔）下,终端可能无法达到数年的使用寿命。

（3）从网络的角度看,支持eDRX机制还可获得额外的信令缩减增益,即更少的RRC信令需求所带来的增益。

但是要支持RRC_INACTIVE模式下,周期超过10.24s的eDRX,有以下潜在问题需要解决。

（1）对核心网相关过程（如NAS消息的重传）的潜在影响,需要业务与系统方面的工作组2（SA2）/核心网与终端工作组1（CT1）考虑其可行性。

（2）需要考虑对不同eDRX周期（大于10.24s）及PTW的潜在处理,可以考虑一个PTW用于RRC_IDLE模式,另一个用于RRC_INACTIVE模式。

（3）还需要研究在哪个节点,如基站还是核心网决定以及配置RRC_INACTIVE模式的eDRX周期。

2. eDRX周期的上下边界分析

对于上边界，eDRX周期应当支持到10485.76s，这是因为一个H-SFN长度为10.24s，而eDRX周期最多包含1024个H-SFN，即周期上限为1024×10.24=10485.76s，并且5G核心网（5GC）已经能够将连接到5GC的NB-IoT和LTE-MTC的eDRX值配置到10485.76s。尽管当周期超过2621.44s时，eDRX带来的增益非常小，但除非RAN4指出这些eDRX值需要终端在PTW窗外进行服务小区的RRM测量或其他工作组有额外要求，否则没有理由人为限制范围。

标准讨论时还研究了eDRX周期小于5.12s的更短周期的情况，如周期为2.56s。对于eDRX周期的下边界，支持其周期小于2.56s的一个动机是，至少一些RedCap终端应当有能力支持在所需的4s时延预算内接收紧急广播服务（如地震海啸预警系统初级指示），并且同时需要节能，而仅支持5.12s的eDRX周期长度是不可能做到的。然而，还有一些方案允许RedCap终端接收紧急广播服务而无须支持比5.12s更小的eDRX周期，并且也可以达到节能的目的。

方案1：对于RedCap终端，如果NAS给终端配置了2.56s的终端专属的DRX寻呼周期，则即使RAN配置的寻呼周期或默认的寻呼周期更短，RedCap终端仍采用此DRX周期。

方案2：基站可以给这些需要接收紧急广播服务的RedCap终端配置2.56s的默认广播DRX周期，给另一些有严格时延需求的终端（如智能手机）配置一个更短的终端专属的RAN寻呼周期。

还有不考虑节能影响的方案。例如，需要接收紧急广播服务的RedCap终端不配置eDRX，对于这些终端，不需要对其进行特殊的处理/配置，相应地，这些终端也不能获得任何eDRX带来的节能增益。可选地，一个RedCap终端可以请求一个eDRX配置并且仍然在寻呼时机之间监听ETWS（地震海啸预警系统）和CMAS（商业移动警报服务）。

3. eDRX的机制分析

如果要对超过10.24s的eDRX周期进行标准化，可以参考LTE的机制设计一个可行的机制，这个机制可以包含对H-SFN、PH和PTW的使用。

对于RRC_IDLE或RRC_INACTIVE模式下的RedCap终端，如果eDRX周期小于10.24s，终端监听寻呼时不使用PTW和PH。

而对于eDRX周期等于10.24s的场景，则需要考虑是否要使用PTW和PH，如果不使用，则有如下优势。

（1）允许那些不需要更长eDRX周期（大于10.24s）的终端重用NR R16 DRX实现而不需要额外的开发工作，且没有显式的能力信令需求。

（2）NR已经支持在C-DRX中支持10.24s而不使用PTW和PH。

（3）对于RRC_INACTIVE，采用与连接到5GC的LTE-MTC所采用的方案相同的方案。

但需要注意的是，不使用PTW和PH也将带来如下问题。

（1）与LTE中RRC_IDLE模式下eDRX周期为10.24s时使用PTW和PH的方案不同。

（2）将会对5GC产生影响，RAN2需要与SA2/CT1沟通可行性。

（3）终端不能在一个eDRX周期内有多个时机来接收其寻呼。

由于RRC_IDLE和RRC_INACTIVE可能存在两套eDRX配置的问题，因此PTW和eDRX周期配置可以考虑以下方向。

（1）一个公共的PTW和eDRX周期。

（2）一个公共的PTW，但是RRC_IDLE和RRC_INACTIVE的eDRX周期不同。

（3）一个公共的eDRX周期，但是RRC_IDLE和RRC_INACTIVE的PTW长度不同。

特别地，对于RRC_INACTIVE eDRX配置决策节点，核心网和无线接入网均可作为可选方案，两个方案各自的优势如下。

（1）采用核心网作为决定RRC_INACTIVE模式下的eDRX参数配置的节点，其优势如下。

- 核心网更清楚终端的业务属性。

- 能更好地确认潜在的核心网络影响。

- 核心网目前已负责RRC_IDLE模式下的eDRX的配置。

- 如果RAN2同意考虑一个公共的PTW和eDRX周期配置，RAN采用核心网配置的周期的话，支持以核心网为基础的eDRX配置带来的协议影响更小。这种公共配置也可以根据其复杂性及对其他工作组更少的影响来验证。

（2）采用无线侧基站作为决定RRC_INACTIVE的eDRX参数配置的节点，其优势如下。

- 可以给无线侧提供更多的eDRX参数配置的灵活性。

- 允许无线侧为RRC_INACTIVE配置不同于RRC_IDLE的eDRX周期。

- 虽然核心网负责RRC_IDLE的eDRX的配置，但在连接到5GC的R16 LTE-MTC中，已经支持NR无线侧基于由接入和移动性管理功能网元（AMF）提供的空闲态eDRX周期，选择以及最终配置RRC_INACTIVE模式下的eDRX周期（配置周期可比10.24s更小）。

6.1.3 静止终端的RRM测量放松

在SI阶段，标准还研究了针对静止RedCap终端的RRM测量放松，如固定传感器或摄像头监控场景。RRM在有限带宽的条件下，通过灵活分配和动态调整无线传输部分和网络的可用资源，最大程度地提高无线频谱利用率，以保证终端与网络之间的通信信号控制能力和可持续通信服务的能力，防止网络拥塞，保持尽可能小的信令负荷开销。

通常情况下，RRM测量主要通过RRC_IDLE移动性、RRC_CONNECTED移动性、定时、信令特性、测量过程及测量性能要求这几个方面对终端的RRM性能进行评估。其中，RRC_IDLE移动性包括同频小区重选及异频小区重选等；RRC_CONNECTED移动性包括小区切换及RRC连接移动性控制等；定时包括终端发送定时及终端定时提前等，信令特性包括无线电链路监测等；测量过程包括同频测量及异频测量等，测量性能要求包括同步信号参考信号接收功率（SS-RSRP）测量精度及同步信号参考信号接收质量（SS-RSRQ）测量精度等。

RAN2已经研究了不同类型的RedCap终端移动状态的划分，例如，引入一个静止移动状态的可能性。考虑一个RedCap终端的移动性，静止准则不应该限制为固定或者不移动的终端，而是说被认为静止的终端同样可以有较低的移动性，如可以缓慢移动。另外，RAN2还研究了其他的移动选型。

在R16 NR RRM测量放松过程基础上，RedCap课题基于RAN2的研究成果和实际仿真数据，总结出一些关于RRM测量放松的解决方案建议，包括对RRC_IDLE、

RRC_INACTIVE和RRC_CONNECTED不同状态下的触发RRM测量放松增强方案，以及邻区RRM放松的解决方案。

1. 触发准则和放松方案

（1）对于在RRC_IDLE和RRC_INACTIVE模式下触发RedCap终端相邻小区RRM测量放松，基于R16的触发准则，提出了以下6种触发增强方案。

增强方案1：引入额外的$S_{SearchDeltaP\_stationary}$阈值以支持2级速度评估（静止和低移动性）。

增强方案2：引入额外的$T_{SearchDeltaP\_stationary}$阈值以支持2级速度评估（静止和低移动性）。

增强方案3：在评估终端的移动性状态时，考虑服务小区波束的变化，如基于波束变化的数量，可以是最好的波束或所有超过某一个阈值的波束。

增强方案4：终端根据订阅信息（如USIM）确定其静止属性。

增强方案5：引入一个额外的$S_{SearchDeltaP\_correction}$阈值，并配置终端仅在其检测到不违反静止属性的更高接收信号功率时使用该阈值，即围绕自身旋转，动态改变多径。

增强方案6：终端根据订阅信息（如USIM）确定其受限的移动性。这种设备预计会移动（在许多场景下缓慢移动）或静止，但与方案5不同的是，这些终端预计在其生命周期内不会移动出一个局部区域。

（2）对于RRC_IDLE和RRC_INACTIVE模式下RedCap终端的邻区RRM放松方法，基于R16 NR RRM放松方法，提出了以下6种增强方案。

增强方案1：终端可以停止邻区测量T（$T \gg 1$）小时。

增强方案2：通过减少用于监测的参考信号（RS）的数量实现进一步的放松。终端只需要测量特定的波束，因此，可以降低功耗，并且缩短测量时间周期。

增强方案3：终端仅对多个专用的同频、异频小区进行测量。

增强方案4：最小化测量频点的数量。

增强方案5：为静止终端扩展R16的"停止测量1小时"的应用场景。这将有助于进一步降低真正静止终端的功耗。

增强方案6：当终端满足准则（RSRP阈值估计）时，即使在 $T_{SearchDeltaP}$ 一段时间内没有满足准则，终端也可以在部分配置的频率上触发测量放松。

（3）对于RRC_CONNECTED状态下辅助触发RedCap终端的邻区RRM放松，提出了以下5种触发方案，由于担心潜在的移动性能影响，RAN2建议相比"略微移动的终端"，优先考虑"固定或不移动终端"。

方案1：终端在Msg5中向网络报告"stationary"状态。

方案2：网络通过专用信令向终端提供（如低移动性、非小区边缘）评估参数。

方案3：AMF（基于终端订阅信息）向基站发送"静止"指示。

方案4：终端在辅助信息中向网络上报"stationary"。

方案5：网络基于终端的测量报告实现测量放松。

（4）对于RRC_CONNECTED状态下RedCap终端的邻小区RRM放松，提出了以下两种放松的解决方案。

方案1：网络不配置移动性测量。

方案2：终端只基于一个RS类型进行测量。

2. 终端功耗节省评估

有公司的评估数据表明，在DRX周期为1.28s、8个同频或异频小区并且SSB周期为20ms时，测量放松超过1h（1h放松是R16中最大可能值），终端的平均的功耗没有显著变化。

另一个来源的评估数据表明，RRC_IDLE/RRC_INACTIVE终端在高SINR时采用4倍测量周期的RRM测量放松，节能增益达到3.6%~13.4%；对于RRC_CONNECTED终端采用4倍的测量周期，节能增益达到11.1%~26.6%。

还有的评估数据提供了进一步将测量间隔从3倍放松提升到停止测量1h条件下的平均功耗和节能增益。评估结果显示对于DRX周期等于1280ms，相比于3倍放松，停止测量1h可以获得25.17%的节能增益。另外，该评估数据还显示如果SSB的检测、测量时间分别减少62.5%和75%，则节能增益分别达到13.54%和16.25%。

上述三项候选技术中，eDRX和RRM测量放松被采纳，并进行WI阶段的标准化，6.2节与6.3节将分别对它们进行介绍。

6.2 eDRX机制

6.2.1 机制介绍

eDRX是一种针对RRC_IDLE/RRC_INACTIVE模式下的DRX机制的增强，其基本原理是通过给终端配置较长的DRX周期，以减少终端的寻呼监听操作，进而降低终端功耗。

根据eDRX配置来源于哪一网络节点，eDRX可分为两种类型：核心网（CN）eDRX与接入网（RAN）eDRX。其中，核心网eDRX由核心网通过NAS信令为终端配置；接入网eDRX由基站通过RRC信令为终端配置。核心网eDRX和接入网eDRX的基本参数与机制如表6-2所示。

表6-2 eDRX基本参数与机制

eDRX类型	eDRX周期		eDRX机制
	最大值	最小值	
核心网eDRX	10485.76s	2.56s	• 周期大于10.24s：使用寻呼超帧（PH）和寻呼时间窗（PTW）机制 • 周期不大于10.24s：eDRX周期作为寻呼周期，不使用PH和PTW
接入网eDRX	10.24s		

eDRX基本机制如图6-1所示，当eDRX周期不超过10.24s时，eDRX周期作为寻呼周期，即终端所监听的两个寻呼时机（PO）之间的时间间隔为eDRX周期。

当eDRX周期超过10.24s时，由于当前SFN的计数为范围为0~1023（最大计时时长为1024帧，即10.24s），SFN已不足以用于计时eDRX周期的长度，因此，引入超帧的概念，一个超帧等于1024个系统帧。特别地，PO所在的超帧称为寻呼超帧（PH）。终端使用寻呼超帧并结合寻呼时间窗（PTW）机制确定需要监听的PO。具体地，两个相邻PTW起始位置之间的时间间隔为eDRX周期长度，终端在PTW内基于寻呼周期侦听PO。

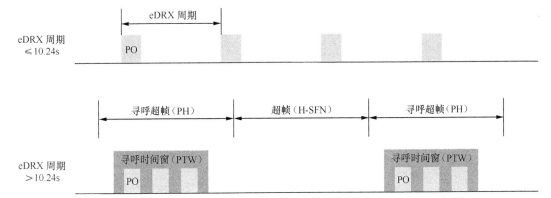

图6-1　eDRX基本机制示意图

eDRX的配置规则如表6-3所示。

表6-3　eDRX的配置规则

RRC_IDLE模式	RRC_INACTIVE模式
终端可由核心网配置核心网eDRX	终端可由核心网配置核心网eDRX，由基站配置接入网eDRX

两种无效的配置：
- 没有配置核心网eDRX，但配置了接入网eDRX
- 配置的接入网eDRX周期大于核心网eDRX周期

根据eDRX配置的不同，RRC_IDLE模式下的终端和RRC_INACTIVE模式下的终端确定寻呼周期T的规则分别如表6-4和表6-5所示。

表6-4　RRC_IDLE模式下寻呼周期T的确定规则

情况	规则
核心网eDRX周期≤10.24s	$T =$ eDRX周期
核心网eDRX周期＞10.24s	<ul><li>在核心网PTW内，$T = \min\{$终端特定的DRX周期（由核心网给终端配置的特定的DRX周期），默认寻呼周期$\}$</li><li>在核心网PTW外，无须监听PO</li></ul>

表6-5　RRC_INACTIVE模式下寻呼周期T的确定规则

情况		规则
核心网eDRX	接入网eDRX	
小于或等于10.24s	未配置	$T = \min\{$接入网寻呼周期，核心网eDRX周期$\}$
大于10.24s	未配置	<ul><li>在核心网PTW内，$T = \min\{$终端特定的DRX周期，接入网寻呼周期，默认寻呼周期$\}$</li><li>在核心网PTW外，$T =$ 接入网寻呼周期</li></ul>
小于或等于10.24s	小于或等于10.24s	$T = \min\{$核心网eDRX周期，接入网eDRX周期$\}$

续表

情况		规则
核心网eDRX	接入网eDRX	
大于10.24s	小于或等于10.24s	• 在核心网PTW内，$T = \min\{$终端特定的DRX周期，接入网eDRX周期，默认寻呼周期$\}$ • 在核心网PTW外，$T = $ 接入网eDRX周期

此外，当使用eDRX机制时，eDRX周期长度可能超过现有的系统信息（SI）修改周期长度，导致现有SI修改机制将不能应用于eDRX场景下，因此SI修改机制也进行了相应的增强。

当eDRX周期长度超过SI修改周期长度时，终端不再使用SI修改周期，而是使用eDRX获取周期进行SI更新。同时，终端不再监听短消息中现有的SI修改指示字段，而是监听短消息中专门针对eDRX而引入的eDRX SI修改指示字段（systemInfoModification-eDRX）。

如图6-2所示，当eDRX周期超过SI修改周期时，将使用eDRX获取周期机制。eDRX获取周期的长度固定为10485.76s（eDRX周期取值范围内的最大值）。终端在前一个eDRX获取周期内监听是否有eDRX SI修改指示，若有指示则在下一个eDRX获取周期开始后去接收更新的SI。

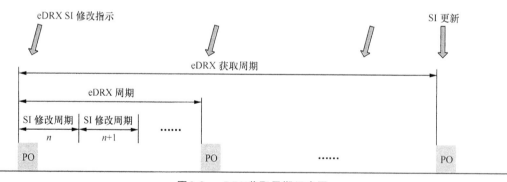

图6-2　eDRX获取周期示意图

6.2.2　标准体现

eDRX机制主要涉及空闲态协议[22]与RRC协议[16]改动。

在参考文献[22]中，针对寻呼新增了7.4节定义eDRX机制下寻呼超帧（PH）和寻呼时间窗（PTW）的计算方法，并在7.1节定义了eDRX机制下终端的寻呼周期T与寻呼时机PO的确定方法。

参考文献[16]针对系统信息定义了eDRX获取周期的计算方法，以及eDRX获取周期机制下的SI修改流程。

(((•))) 6.3　RRM测量放松

6.3.1　机制介绍

为了实时地监控终端的服务区和/或邻区的通信质量，终端需按照一定测量指标持续地进行RRM测量，因此，RRM测量是终端功耗的一个关键构成因素。对于RedCap终端，标准考虑RRC_IDLE、RRC_INACTIVE和RRC_CONNECTED三个场景，标准化针对邻区测量的放松机制，在保证业务连续性的同时减少不必要的终端测量功耗。

RRM测量放松机制可分为放松准则和放松行为两大部分。基本流程是，终端评估是否满足放松准则，在满足放松准则的情况下，终端可采用放松的测量指标进行测量。

放松准则分为静止准则和不在小区边缘准则。

静止准则示意图如图6-3所示，准则的基本原理是评估终端的服务区质量在一定时间（$T_{threshold}$）的变化量是否小于给定阈值（$S_{threshold}$），若小于阈值则满足静止准则。满足准则之后，若服务区质量的变化量又超过给定阈值，则准则不再满足，也称退出准则。静止准则可应用于RRC_IDLE、RRC_INACTIVE和RRC_CONNECTED模式。

不在小区边缘准则示意图如图6-4所示，准则的基本原理是评估终端的服务区质量是否高于给定阈值（$S_{threshold}$），若高于阈值则满足不在小区边缘准则。不在小区边缘准则可应用于RRC_IDLE、RRC_INACTIVE模式；但RRC_CONNECTED模式下不使用该准则，因为RRC_CONNECTED模式下，网络通过终端的测量报告可对终端的服务区质量有一定了解，所以无须让终端自行评估是否满足该准则。

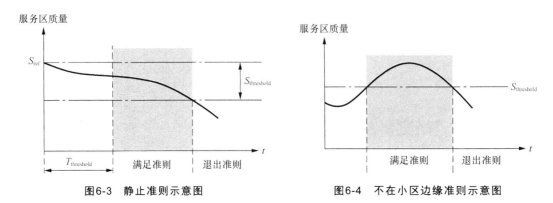

图6-3　静止准则示意图　　　　　　图6-4　不在小区边缘准则示意图

特别地，两个准则的配置规则为：若网络配置终端使用上述测量放松特性，则静止准则为必选配置，不在小区边缘准则为可选配置。当两个准则同时配置时，终端至少要满足静止准则才可以考虑进行测量放松。

放松准则适用场景如表6-6所示。

表6-6　放松准则适用场景

	RRC_IDLE和RRC_INACTIVE模式	RRC_CONNECTED模式
适用准则	• 静止准则 • 不在小区边缘准则	静止准则
情况分类	• 仅配置静止准则 • 配置静止准则和不在小区边缘准则	配置静止准则

放松行为即终端满足放松准则后采用的测量方式，针对RRC_IDLE、RRC_INACTIVE和RRC_CONNECTED模式有不同的标准化机制。

如表6-7所示，对于RRC_IDLE模式和RRC_INACTIVE模式，终端根据网络在系统信息中广播的放松准则（静止准则和/或不在小区边缘准则）的配置，自行评估是否满足准则。在满足准则的情况下，终端可采用标准化的放松的测量指标进行测量。

对于RRC_CONNECTED模式，终端根据网络通过专用信令发送的放松准则（静止准则）的配置，评估是否满足准则。在满足准则的情况下或不再满足准则的情况下，终端须通知网络该情况，后续由网络决定是否给终端重配测量配置，如增大/减小测量间隔的周期、增加/减少待测的频点数量等。

表6-7 放松行为

	RRC_IDLE和RRC_INACTIVE模式	RRC_CONNECTED模式
基本规则	• 终端根据SI广播的放松准则，自行判定准则的满足情况 • 满足放松准则后，可采用协议定义的测量指标进行测量	• 终端根据网络专用信令配置的放松准则，判定准则的满足情况 • 终端须通过终端辅助信息向网络指示准则的满足情况：终端满足放松准则时和不再满足放松准则时，要告知网络 • 网络可通过重配测量配置的方式使终端进行或停止测量放松
放松行为与指标定义	标准化的放松测量指标在TS 38.133协议[23]中定义： • 仅满足静止准则：测量周期可放松为原来的6倍 • 同时满足静止准则和不在小区边缘准则：测量周期可放松为最大4h	无标准化的放松测量指标。网络通过重配测量配置的方式实现测量放松

6.3.2 标准体现

RRM测量放松机制主要涉及空闲态协议[22]、RRC协议[16]与RRM指标协议[23]。

在参考文献[22]中，针对测量放松机制，新增了5.2.4.9.3和5.2.4.9.4节定义的静止准则与不在小区边缘准则，并在5.2.4.9.0节定义了RedCap终端判定准则的流程。

在参考文献[16]中，针对终端辅助信息，新增了5.7.4.4节定义的静止准则，并在5.7.4.1/5.7.4.2/5.7.4.3节定义了RedCap终端对静止准则满足情况的上报流程。

在参考文献[23]中，4.2B节新增与RedCap终端小区重选指标相关内容，包括4.2B.2.2.9、4.2B.2.2.10、4.2B.2.2.11三节，分别定义了RedCap终端的放松的同频、异频、inter-RAT测量指标。

第7章

RedCap终端定义、
识别与准入

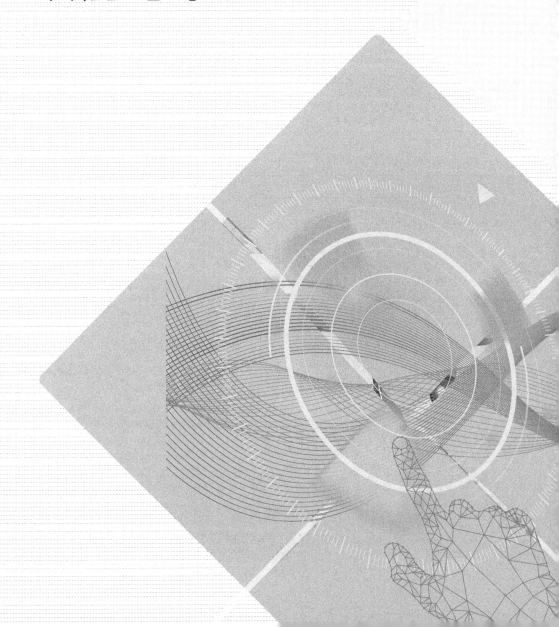

7.1 RedCap终端类型和能力定义

在4G LTE时代，定义终端属性的方式有两种：终端能力（UE Capability），也称为终端特性（UE Feature）和终端类别（UE Category）[24]。与终端能力细分到每一个特性不同，终端类别仅仅关注几个少量的、与市场"卖点"直接相关的终端指标，如能够隐式地给出终端可支持的峰值数据速率指标的最大TBS、可支持的最大MIMO层数等。部分LTE类别如表7-1所示。

表7-1　通过终端类别信元设置的下行物理层参数值（部分示例）

终端类别	单个TTI内可通过下行共享信道（DL-SCH）接收的传输块比特的最大数量	单个TTI内可通过下行共享信道接收的单个传输块的最大比特数	软信道比特总数	可支持的下行空分复用的最大层数
类别1	10296	10296	250368	1
类别2	51024	51024	1237248	2

TTI：传输时间间隔，在LTE中一般指一个子帧（Subframe）。

从表7-1中可以看到，终端类别定义的部分参数如MIMO层数，与终端能力中的定义相同。在LTE时代，定义终端类别主要是市场营销的一种手段，终端设备厂商无须将复杂繁多的终端特性一一展示，仅仅以"类别"宣称一款设备的大体"能力"。对网络而言，终端类别能从一定程度上帮助网络运营商"了解"自己的网络中不同终端的入网情况，从而做出必要的网络规划甚至是网络升级。

定义终端类别对通信产业来说是有益的，但对聚焦于技术规范的3GPP来说，继续使用和定义这种终端类别将会带来很大的非技术领域的工作量。同时，根据4G时代的产业经验，虽然4G标准定义了多达十余个终端类别，但长期以来，产业界规模商用的只有几款终端和芯片，主流终端设备还是基于终端类别4。也就是说，协议灵活度远远超过了市场需求，过多的终端类别显得有些碎片化了。

因此，在5G第一个版本设计阶段，3GPP就是否在标准上定义终端类别做了讨论。如果仍然需要在标准层面定义类别，必须在定义的种类和参数上有所收敛，例如，定义这样一个类别：仅仅需要标识这类终端的峰值数据速率，或针对一大类5G应用场景，如eMBB或URLLC等，定义相对应的终端类型。经过多轮讨论，加之5G第一个版本的核心标准工作量巨大，最终在RAN#81次会议基本确定：5G不会针对eMBB场景定义专属的终端类别。

RedCap是需要独立开发的一款轻量级终端，需要独特的芯片设计和系统开发。RedCap定义终端类型有明确的技术理由，即网络运营商需要在初始接入阶段就能识别这类终端、并能针对这类终端做准入控制。这个提前的识别，实际上就是一种终端类型的上报，通过尽量少的信令开销通知基站。

终端能力是比4G终端类别或5G终端类别粒度更细的能力标识。由于5G在RedCap之前没有引入终端类别或者类型的概念，因此，5G终端所支持的能力，都是按照这种架构表述的。除了R15定义的一些基本特性（这类特性称为无信令指示的必选特性），每一个特性一般都会引入相应的能力比特用于上报基站。关于终端特性的讨论一般会形成一个包含了特性列表的研究报告[18]，将此列表进一步完善后写入协议[15]。终端特性按照技术领域又分为Layer-1特性、Layer-2/3特性和RF/RRM测量相关的特性。注意，完成研究报告中的特性列表是一项跨多个3GPP工作小组的任务，例如，Layer-1特性首先在RAN1完成其核心定义，然后交付给RAN2，进一步完成相关的信令设计工作。可见，各个小组之间对输出的文件的理解保持一致是至关重要的。为此，研究报告可能会包含一些最终没有写入协议[15]的内容[18]，这些内容记录了相关能力特性的设计过程和一些原始背景，也非常有价值。对于终端特性的讨论，除了给每一个终端能力分配一个编号（以FG开头，体现在研究报告中，但不会写入协议），基本上都按照以下几个维度展开。

（1）特性组

简明扼要地描述所要定义的终端能力，相当于一个带有释义的特性组名称。

（2）成分

描述特性的具体内容，可能包括一个或多个子特性成分，表示该能力所代表的完整功能。

（3）先决特性组

通常是一个或多个相关特性，表示终端只有在支持了该先决特性（组）的条件下，才有可能支持当前的能力。一般来说，这里的先决特性都是可选特性，因为必选能力终端是无论如何都需要支持的，因此不需要在这里明示。

（4）是否需要将终端对该能力的支持与否告知基站

对某些特性来说，这里的回答可以是否定的。这个维度通常适用于不需要基站根据终端能力做出不同决策的情况，例如，只适用于空闲态的某些特性，基站通过广播的形式发送公共信号；无论终端支持与否，基站都会发送该信号。

（5）是否适用于终端之间的能力信令交互

这是仅仅针对Sidelink设计的一项内容，考察一项特性是否需要在终端之间交互。

（6）终端不支持该能力的结果

这里一般用来帮助理解该能力特性的重要性和简要明示其所代表的功能，有时也会略去不写。

（7）能力上报的类型（终端能力特性的类型定义基于Per UE、Per band、Per BC、Per FS、Per FSPC这几个粒度划分

Per UE意味着该终端按照自身属性上报是否支持该能力，不区分频带、频率范围和双工模式等；Per band意味着终端对该能力的支持根据不同的频带有所不同；Per BC是指按照band组合（具体由哪些band组合由RAN4来定义）上报终端的能力；Per FS是指按照不同的band组合中的每一个band分别上报；Per FSPC则是终端可以针对每个分量载波上报不同的能力。可见，从Per UE到Per FSPC，上报类型的粒度越来越细，而信令开销也越来越大。例如，同一个band可以关联到不同的band组合，那么在Per FS下，就允许终端针对同一个band在不同band组合下，通过信令分别上报不同的能力；而在Per UE的情况下，终端只需要上报一个比特的终端能力，就代表了终端在所有可支持的band（或band列表）上对该能力的支持情况，可以极大地节省信令开销。

（8）是否区分FDD和TDD

有的特性也可能仅仅适用于某一种双工模式，这种情况下就不需要特别地区分。

（9）是否区分不同的频率范围

有的特性可能仅仅适用于某一个频率范围。

（10）在混双工模式和混频率范围下的能力解读

针对一些涉及两个载波分别在不同的双工模式下或者频率范围的特性，此时，需

要明确应该按照哪种双工模式或频率范围来界定终端所上报的能力。例如，跨载波调度能力，终端PDCCH在载波1接收，调度的PDSCH在载波2接收，而其可能在载波1上报了支持跨载波调度，在载波2上不支持该特性。这种情况就必须规定好终端上报能力所代表的真实含义，与基站的理解保持一致。

（11）是否必选特性

如无信令指示的必选特性，所有终端都默认必须支持，不需要额外上报给基站。有信令指示的必选特性，虽然也称之为必选特性，但实现起来可能还需要一定的时间，因此允许终端上报"暂时"不支持。在产业成熟度达成一定程度后，运营商可能会要求终端必须支持这类终端能力，否则可能会受到入网许可的限制。可选能力一般需要信令比特，即有信令指示的可选特性；缺省信令的情况则默认终端不支持此项能力。在这一项内容下，有些特性还会对应不同的候选值，终端可以根据实际情况灵活按需上报基站。

7.1.1　RedCap终端类型的标准定义

为了区分RedCap和非RedCap两种完全不同的终端类型，在SI阶段首先讨论了RedCap终端类型的定义方式，为如下几种可能的形式。

- 所有相对于eMBB终端而言降低的终端能力的集合。
- 在初始接入阶段需要告知基站的相对于eMBB终端而言降低的能力集合。
- 所有相对于eMBB终端而言降低的特性和终端节能特性的集合。
- 一类RedCap终端所必选支持的最小特性集合。

由于终端的必选特性、提前识别所需要的终端能力等在SI阶段不会讨论，因此评估报告本身既没有给出推荐的终端类型的定义，也没有明确可能需要定义的终端类型的数量。但通过讨论，多数公司认为RedCap终端的类型应该尽量少，并且终端的最大带宽是RedCap终端类型的必选内容之一。站在RAN2的角度，仅仅定义一款RedCap终端类型的好处是：避免市场碎片化，准入控制的协议工作简单，避免在3GPP讨论产品管理等非技术问题。它的缺点是无法针对不同类型的业务或应用场景给出不同的准入控制策略，不够灵活。

在WID获得通过的时候，标准上认可了只在引入一款RedCap终端的工作目标。因此，在WI阶段，没有太多争议协议的4.2.21.1节（见参考文献[15]），完整描述了一款RedCap终端所对应的区别于一般eMBB终端的属性。

（1）Layer-1特性

- 终端支持的最大带宽；

- 可支持的下行MIMO层数和对应的下行接收天线数（以及明确了不支持的大于2Rx和2Tx的配置）。

（2）Layer-2特性

- 最大必选支持的DRB数；

- 必选支持的PDCP SN长度和RLC AM SN长度；

- 不支持CA、MR-DC、DAPS、CPAC和IAB。

7.1.2　RedCap专属特性

RedCap的专属特性在研究报告中标识为FG 28系列。以特性组、上报类型和是否必选为例，如表7-2所示。其中，最基本的一项能力组是FG 28-1，即所有声明为RedCap终端类型的终端，必须支持FG 28-1包含的所有特性或特性成分组，如表7-3所示。

表7-2　RedCap专属特性

序号	特性组	上报类型	是否必选
28-1	RedCap终端	Per UE	带信令比特的可选能力。但对于声明为RedCap的终端，必须上报支持此项能力
28-1a	不包括SSB的RRC配置的下行BWP	Per band	带信令比特的可选能力
28-3	半双工FDD类型A的RedCap	Per band	带信令比特的可选能力

表7-3　RedCap终端的基本能力特性FG28-1

① 在FR1的终端最大带宽为20MHz。
② 在FR2的终端最大带宽为100MHz。
③ 在4步RACH下支持基于消息1的提前识别。
④ 支持专属初始上行BWP，该BWP包括终端进行随机接入所需的配置和在此BWP上使能、去使能公共PUCCH资源上的PUCCH频域跳频功能。
⑤ 支持专属初始下行BWP，且该BWP包括用于随机接入的控制资源集合和控制资源搜索空间；如果该BWP用于接收寻呼消息，或作为配置方式为1的BWP#0进入连接态，则BWP内需要包括CD-SSB；如果该BWP仅用于随机接入过程，则BWP内可以不包括任何SSB。

续表

⑥ 每个载波有一个RRC配置的终端专属下行BWP。
⑦ 每个载波有一个RRC配置的终端专属上行BWP。
⑧ 支持基于RRC的专属BWP重配置。
⑨ 支持RRC配置的终端专属BWP，包括CD-SSB或NCD-SSB。
⑩ 支持专属BWP上的基于NCD-SSB的测量

注意，根据SI阶段的讨论，"最大"带宽应该理解为所有RedCap终端在FR1都具备20MHz的带宽，并非指RedCap终端的带宽可以小于20MHz。同时，尽管FG 28-1只有一个比特信令，它同时还声明了RedCap终端将会支持包括提前识别、独立初始BWP等所有定义在FG28-1内的其他特性成分。这将会极大地收敛RedCap终端模组的基本特性和软硬件开发工作，有利于产品的规模化。

在设计FG 28-1的过程中，比较有争议的是其上报类型应该如何在Per UE和Per band之间取舍。按照Per UE的类型来上报，符合RedCap终端类型设计的初衷，即模组芯片的带宽决定了终端类型。按照Per band来上报，其潜在的用途是在某些载波带宽较小的频点，如700MHz频段的band n28，RedCap终端性能和普通的eMBB终端可能没有区别，此时可以允许RedCap的终端不声明为RedCap类型，通过性能测试，当该终端的其他性能与普通eMBB终端相同时，则可以跳过RedCap专属特性所要求的IoDT测试、快速入网，有利于在短时间内增加网络的用户数。但也可能带来几个潜在的问题，具体如下。

（1）仅仅依赖于定义的测试例，在某些情况下很难发现RedCap终端与eMBB终端细微的性能差异。例如，当RedCap终端用于可穿戴手表类的小型化设备时，相比eMBB终端可能有最大3dB的天线效率损失。目前没有针对天线效率损失定义相关的测试，意味着无法发现其在实际网络中带来的影响。

（2）运营商希望了解物联设备在网络中的表现，并针对性地制定toB类型设备和服务的收费模式。如果RedCap设备将自己隐藏为eMBB终端，运营商则无法获取网络中不同用户、不同服务的业务特征。

（3）当运营商所拥有的频谱重新分配到更大的带宽上时，具有大带宽的eMBB终端可以无缝迁移到新的网络中工作，而"模拟"eMBB终端、实际的带宽能力受限的RedCap终端却无法继续在新的大带宽载波中工作，且不为网络所知，这会给网络部署和规划带来更加复杂的问题。

基于这些考虑，最终在RAN#95次会议上达成了一致，RedCap终端的基础能力FG

28-1按照Per UE的类型上报给基站。完整的RedCap特性列表可参见研究报告中FG 28的相关内容（见参考文献[18]）。

7.1.3 RedCap支持eMBB价值特性

终端特性的设计有普适的一面，在许多场景设计的特性，一旦标准化之后，我们会希望尽可能地将它用在更多的业务类型中，避免重复设计。例如，针对R16 URLLC业务设计的终端，除了必须满足标准规定的R15必选特性和R16 URLLC专属特性FG11系列，还可以可选地上报其所支持的其他终端特性，如载波聚合（CA）、定位能力等，以更好地满足工业制造、流水线重组等多元化需求。

RedCap除了引入专属特性，也需要支持为eMBB技术引入的终端特性，如覆盖提升技术、节能技术等。一般来说，除了WID和RedCap终端类型的定义中明确不需要支持的一些特性，现行标准中的其他终端能力，RedCap终端都可以选择性地支持。这些终端能力中，有些特性是为了拓展RedCap终端可能的应用场景，如支持多播广播业务（MBS）的技术FG 33系列，支持在非激活态小数据包传输（SDT）的FG38系列等，有些则是为了保证RedCap终端的基础性能表现，如覆盖指标，这对其商用能否成功至关重要。

1. 上行覆盖提升的价值

RedCap终端复杂度降低技术，如终端带宽降低、接收/发射天线数降低、半双工FDD等可能会导致RedCap终端出现覆盖损失，进而导致RedCap终端覆盖受限。因此，在研究阶段，标准上定量评估了RedCap终端复杂度降低对覆盖的影响和可能需要的覆盖补偿，并就潜在的技术方案进行了研究。

（1）基本评估方法

覆盖补偿仿真是基于链路预算评估进行的。对于受到复杂度降低技术影响的信道，采用以下方法来确定覆盖补偿的目标性能。

① 步骤1：基于链路预算获得信道的链路预算性能；

② 步骤2：在部署场景内获得目标性能需求；

③ 步骤3：如果链路预算性能比目前性能需求差，则确定该信道要覆盖补偿的值。

在步骤2，评估阶段首先考虑了两种确定覆盖补偿的目标性能的方法，如下。

方法1：每个信道的目标性能需求由一个合理部署场景中的目标最大路径损耗（MPL）确定；

方法2：对于每个信道的目标性能需求由相同部署场景中参考终端的瓶颈信道的链路预算确定，其中参考终端是R15/R16 NR终端，瓶颈信道是指具有最小的最大各向同性损耗（MIL）的信道。

最终，3GPP采取基于方法2的评估方案，并且对RedCap终端的初始接入信道和非初始接入信道采用了基于相同瓶颈信道确定的覆盖补偿目标值。

（2）评估信道

链路预算评估中使用的信道和消息包括PDCCH、PDSCH、PUCCH和PUSCH，与初始接入相关的信道和信息，例如，PBCH、PRACH、Msg2、Msg3、Msg4，以及调度Msg2/Msg4的PDCCH。

（3）评估假设

在评估过程中重用R17覆盖增强研究课题的链路预算模板中的配置，以及关于天线阵列增益的假设。进一步地，R17覆盖增强研究课题关于基站天线配置、信道模型和时延扩展的假设也被重用，具体如表7-4所示。对于覆盖评估，参考NR终端和RedCap终端的假设如表7-5和表7-6所示。

另外，研究中还考虑了一些终端的紧凑形态对于上行信道和下行信道的影响。为了反映该影响，FR1频段的链路预算中所有的信道都考虑了3dB的天线增益损失。

表7-4　覆盖补偿评估使用的基本假设

参数	FR1对应值	FR2对应值
信道模型	TDL-C	TDL-A CDL-A（可选）
时延扩展	300ns	30ns
终端移动速度	3km/h	3km/h
天线相关性	低	低
基站发射链路数	2或4	2
基站接收链路数	2或4	2

表7-5 参考NR终端的假设

参数	FR1对应值	FR2对应值
终端发射链路数	1	1
终端接收链路数	城市为4，农村为2	2
终端带宽	城市：100MHz（273 PRB, 30kHz SCS） 农村：20MHz（106 PRB, 15kHz SCS）	100MHz（66 PRB, 120kHz SCS）

表7-6 RedCap终端的假设

参数	FR1对应值	FR2对应值
终端发射链路数	1	1
终端接收链路数	1或2	1或2
终端带宽	城市：20MHz（51 PRB, 30kHz SCS） 农村：20MHz（106 PRB, 15kHz SCS）	50MHz（32 PRB, 120kHz SCS）或 100MHz（66 PRB, 120kHz SCS）

RedCap终端的目标数据速率如下。

- FR1、农村场景：下行1Mbit/s，上行100kbit/s。

- FR1、城市场景：下行2Mbit/s，上行1Mbit/s（注意：下行2Mbit/s的目标数据速率是在R17覆盖增强课题中的10Mbit/s的基础上通过乘以0.2计算出来的）。

- FR2：下行25Mbit/s，上行5Mbit/s。

（4）评估结果

SI的工作针对城市、农村、高低频和室内外等各种环境做了评估。这里仅以FR1载波频率为2.6GHz的城市环境为例进行介绍，表7-7～表7-9所示为采用方法2进行覆盖评估的结果。

表7-7 参考NR终端的覆盖瓶颈信道和MIL值

来源	瓶颈信道	MIL值（dB）
Samsung	PUSCH	139.4
ZTE	PUSCH	142.0
OPPO	PUSCH	145.1
CATT	PUSCH	145.9
vivo	PUSCH	137.8
Xiaomi	PUSCH	146.7
Futurewei	PUSCH	151.6
Nokia	PUSCH	138.6

续表

来源	瓶颈信道	MIL值（dB）
DCM	PUSCH	145.7
CMCC	PUSCH	139.8
Huawei	PUSCH	139.0
Spreadtrum	PUSCH	145.7
Apple	PUSCH	140.0
Ericsson	PUSCH	143.9
InterDigital	PUSCH	143.2
Qualcomm	PUSCH	139.4
Intel	PUSCH	143.9

表7-8　针对2 Rx RedCap终端的链路预算覆盖余量　（单位：dB）

来源	PDCCH CSS	PDCCH USS	PDSCH	Msg2	Msg4	PBCH	PUCCH 负载2 比特	PUCCH 负载11 比特	PUCCH 负载22 比特	PUSCH	Msg3	PRACH 格式B4
Samsung	20.6	24.6	17.2	16.3	17.2		15.8	12.2	8.9	−3.0	7.6	
ZTE							17.7	15.9	13.4	−3.0	11.5	
OPPO	16.0	20.0	19.5	10.1	13.8		6.8	6.8	6.7	−3.2	6.6	
CATT	13.2	17.2	15.7	7.8	11.4		11.4	10.0	7.9	−3.0	4.6	
vivo	14.2	22.2	17.2	11.8	13.7	17.6	15.4	12.9	10.3	−2.8	11.6	8.9
Xiaomi	14.0	14.0	14.1	8.6	11.6		11.9	9.2	7.5	−3.0	4.9	
Futurewei	7.3	9.3	7.6	5.6	6.4					−3.0	−1.1	
Nokia	23.9	23.9	21.7	22.9	21.7		10.1		8.6	−3.0	6.2	8.7
DCM	14.1	18.1	14.1	7.2	10.3		12.4	16.2		−3.0	5.9	
CMCC	17.4	23.0	21.3	14.8	17.6	19.0	13.5	11.7	9.6	−3.0	10.1	15.9
Huawei	19.0	23.0	17.9	15.7	15.6		18.6		16.3	−3.0	7.7	
Spreadtrum	13.2	17.2	15.1	12.0	12.0	14.5	9.7	7.9	7.5	−3.0	1.8	7.0
Apple	14.4	22.4	17.4	7.3	10.4				7.8	−3.0	1.8	
Ericsson	11.8	11.8	12.5	6.2	8.9	13.8	8.0	8.6	6.7	−3.0	4.3	8.1
InterDigital	15.5	19.6	17.1	10.6	13.6		13.9		9.6	−3.0	6.6	
Qualcomm	16.5		18.4	12.6	14.9				4.2	−3.0	5.9	
Intel	15.8	17.1	13.7	16.7	14.0	18.8	15.1	13.8	11.2	−3.0	7.6	9.8
代表值（dB）	15.4	19.2	16.5	11.3	13.2	17.8	12.9	11.3	8.9	−3.0	6.2	8.9

表7-9　针对1 Rx RedCap终端的链路预算覆盖余量　（单位：dB）

来源	PDCCH CSS	PDCCH USS	PDSCH	Msg2	Msg4	PBCH	PUCCH 负载2 比特	PUCCH 负载11 比特	PUCCH 负载22 比特	PUSCH	Msg3	PRACH 格式B4
Samsung	17.1	21.1	12.4	11.1	13.7		15.8	12.2	8.9	−3.0	7.6	

续表

来源	PDCCH CSS	PDCCH USS	PDSCH	Msg2	Msg4	PBCH	PUCCH 负载2 比特	PUCCH 负载11 比特	PUCCH 负载22 比特	PUSCH	Msg3	PRACH 格式B4
ZTE	5.9	16.3	18.8	9.0	9.4		17.7	15.9	13.4	−3.0	11.5	
OPPO	12.1	16.1	16.9	4.1	9.9		6.8	6.8	6.7	−3.2	6.6	
CATT	9.5	13.5	11.9	1.6	8.0		11.4	10.0	7.9	−3.0	4.6	
vivo	10.9	19.0	12.8	6.9	9.0	14.5	15.4	12.9	10.3	−2.8	11.6	8.9
Xiaomi	10.9	10.9	10.5	3.4	7.6		11.9	9.2	7.5	−3.0	4.9	
Futurewei	4.7	6.7	5.6	2.6	3.2					−3.0	−1.1	
Nokia	19.9	19.9	18.2	19.2	17.9		10.1		8.6	−3.0	6.2	8.7
DCM	10.7	14.7	10.0	1.5	6.1		12.4	16.2		−3.0	5.9	
CMCC							13.5	11.7	9.6	−3.0	10.1	15.9
Huawei	15.9	19.9	14.1	11.4	11.7		18.6		16.3	−3.0	7.7	
Spreadtrum	10.2	14.2	12.1	9.0	9.0	11.5	9.7	7.9	7.5	−3.0	1.8	7.0
Apple	11.0	19.0	12.8	1.8	6.1				7.8	−3.0	1.8	
Ericsson	8.8	8.8	9.3	1.3	4.9	9.9	8.0	8.6	6.7	−3.0	4.3	8.1
InterDigital	12.3	16.3	14.0	6.0	10.5		13.9		9.6	−3.0	6.6	
Qualcomm	13.2		15.3	8.7	11.6				4.2	−3.0	5.9	
Intel							15.1	13.8	11.2	−3.0	7.6	9.8
代表值 (dB)	11.4	15.7	13.1	5.9	9.1	12.0	12.9	11.3	8.9	−3.0	6.2	8.9

（5）覆盖补偿评估总结

横向对比各个场景下各个公司的结果，总的来说，对于FR1：

① 在考虑终端大小限制导致的天线效率损失的情况下，PUSCH和Msg3的MIL比参考NR终端的瓶颈信道的MIL差，可以考虑进行覆盖补偿。需要覆盖补偿的值为3dB。对于其他上行信道，覆盖余量都是正值，覆盖补偿可以不考虑。

② 对于2Rx及有天线效率损失的RedCap终端，由于应用的频段和下行功率谱密度不同，覆盖补偿的需求可能不同。

③ 对于1Rx及天线效率下降的RedCap终端，由于应用的频段和下行功率谱密度不同，覆盖补偿的需求可能不同。例如，Msg2、Msg4、PDCCH CSS可能需要一些较小的覆盖补偿。需要注意的是，哪些信道需要覆盖补偿，以及补偿的数值取决于覆盖补偿目标的选择，若不采用方法2进行评估，则结论可能不同。

对于FR2：

① 在没有考虑RedCap终端的天线效率下降的情况下，上行信道的MIL和参考NR

终端的MIL相同，覆盖并没有降低，因此不需要进行上行信道的覆盖补偿。

② 对于100MHz带宽和1Rx的室内场景，下行信道的MIL比参考NR终端的瓶颈信道的MIL好，不需要对下行信道进行覆盖补偿。

③ 对于50MHz带宽和1Rx的RedCap终端，PDSCH的覆盖会差于参考NR终端的瓶颈信道的覆盖，平均覆盖损失为2～3dB。但由于数据速率和覆盖之间的关系是耦合的，因此覆盖补偿的数值取决于具体数据速率的选择。

④ 除此之外，哪些信道需要进行覆盖补偿，以及补偿的数值的多少，还取决于目标场景的选择及参考NR终端的最大总辐射功率（TRP）。例如，当目标场景是站间距（ISD），且评估的目标覆盖性能是此ISD下的MPL时，对于FR2室内场景，可能并不需要覆盖补偿；当参考NR终端的最大TRP假设为23dBm时，对于100MHz带宽或者50MHz带宽的RedCap终端，则分别有一些下行信道（如，Msg2/Msg4、PDSCH或者Msg2/Msg4、PDSCH、PDCCH）可能需要覆盖补偿。

基于这些评估可以发现，从eMBB到RedCap，PUSCH一直是覆盖的真正瓶颈所在。保证RedCap终端能够重用5G现有的覆盖提升技术手段，缩小RedCap终端与eMBB终端的覆盖差距是十分关键的，这就需要RedCap同样可选地支持现行标准的增补上行链路（SUL）技术。

2. 增补上行链路技术

增补上行链路是NR R15标准规范中的一个标准化特性，其概念可以直观地解释为：将一个蜂窝小区中的上行载波和下行载波配置在不同频段内的频点上。

通常情况下，终端所工作的上下行频点相同或十分接近，属于同一个频段。随着5G引入更多的TDD频段，高频点的频谱特性导致覆盖更差，而上行覆盖更是传输信道的覆盖瓶颈。通过引入增补上行链路，上行载波所在的频段对应的频点可以比下行载波所在的频段对应的频点更低，有利于上行覆盖提升，这也称为上下行解耦。在应用上下行解耦时，一个蜂窝小区中存在一个下行载波和两个上行载波，其中一个为增补上行链路载波，另一个为普通上行链路（NUL）载波。例如，在C波段的TDD载波上配置较多的下行资源，并将小区中另一个上行载波部署在频点较低的全上行频段上，这样在一个小区中将同时存在一个大带宽的下行载波和一个覆盖优异的上行载波，并且该上行载波可以进行连续的上行传输。这还有利于提高TDD模式下的上行峰值数据速率性能。

对于增补上行链路的支持首先在3GPP RAN#93次全会讨论，确定不会针对增补上行链路做额外的标准改动，即如果不进行标准改动即可使RedCap终端支持增补上行链路，那么RedCap终端就通过这种隐式方法支持增补上行链路；如果现行标准需要进行适配性的改动才能使能这种功能，那么RedCap终端不支持增补上行链路。接着RAN#95次全会针对一项显性包括增补上行链路的变更请求（CR）[25]做了讨论：是否通过引入增补上行链路专属信令，允许基站在增补上行链路载波配置RedCap专属BWP；如果不引入相关信令，受限于RedCap终端带宽能力，只有网络侧在增补上行链路载波配置的公共BWP大小不超过20MHz时，RedCap终端才能接入此增补上行链路载波。尽管引入相关信令能极大提高网络配置的灵活性、最大化增补上行链路特性的增益，但与RAN#93次会议的结论不一致。最终，全会通过的协议改动文本采纳了不显性引入增补上行链路信令的方式，但同时进一步明确不排除RedCap终端实现增补上行链路功能。这样，增补上行链路特性在RedCap标准化过程中没有做额外的针对性增强，可以通过终端上报能力的方式提供支持。

增补上行链路载波的引入，一方面，可以增强上行覆盖，另一方面，为终端提供了更多的时频资源，提高了用户的数据传输速率，改善了用户的业务体验。由于RedCap终端支持的普通上行载波带宽由100MHz缩减到20MHz，因此相比于现有的拥有100MHz带宽能力的eMBB终端，在支持一个20MHz的增补上行链路载波时，增补上行链路可以给RedCap终端带来更大的相对增益，RedCap终端的速率体验可以得到更明显的改善。如表7-10所示[26]，RedCap终端支持增补上行链路之后，用户的覆盖增益平均在10dB以上。为了更直接地展示增补上行链路的覆盖增强效果，请参看图7-1，RedCap终端在PUSCH 1Mbit/s时的最大覆盖范围（小区半径）平均扩大一倍以上。另外，如图7-2所示，平均用户感知吞吐量（UPT）提了150%～200%，边缘用户的UPT的提升更加明显，甚至可以达到10倍以上。

表7-10　RedCap终端通过配置增补上行链路的覆盖增益

载波频率	1Mbit/s PUSCH速率下的MCL（dB）	MCL增益（dB）	路损增益（dB）	总增益（dB）
2.6GHz（TDD）	108.22	2.3	10.3	12.6
700MHz（FDD）	110.56			

续表

载波频率	1Mbit/s PUSCH速率下的MCL（dB）	MCL增益（dB）	路损增益（dB）	总增益（dB）
4GHz（TDD）	106.30			
2GHz（FDD）	110.85	4.6	6.1	10.7

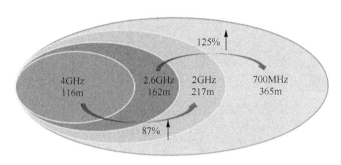

图7-1 RedCap终端在PUSCH 1Mbit/s时在各频段的最大覆盖范围分析

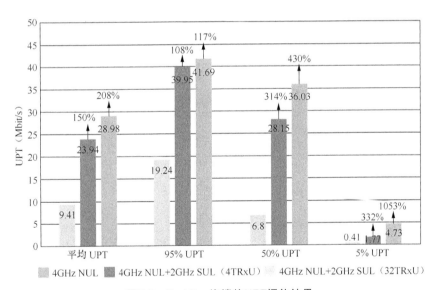

图7-2 RedCap终端的UPT评估结果

(((•))) 7.2 RedCap终端提前识别

RedCap终端能力相对传统终端而言大幅度降低，提前识别RedCap终端类型的必要性在于，在终端接入过程中予以限制，或者针对其能力执行特定的调度决策、服务或收费策略等；另外，尽可能减少终端不必要的接入尝试，有利于终端能耗的降低。因此，有必要研究终端提前识别技术。

RedCap终端的提前识别主要借助随机接入信道（RACH）过程来实现。RACH过程是终端与小区之间建立网络连接，并获得终端上行同步的过程。这里，首先介绍5G中已经支持的RACH过程，基于其需要的步数可以分为4步RACH和2步RACH两大类。

4步RACH是传统的随机接入方式，可以进一步分为基于竞争的4步随机接入和基于非竞争的4步随机接入。4步RACH的基本流程如图7-3所示。

图7-3　4步RACH的基本流程

4步RACH的基本流程如下。

（1）终端在随机接入信道上传输随机接入序列，PRACH前导码序列，即Msg1。

（2）终端通过PDSCH接收随机接入响应（RAR），即Msg2。

（3）终端在PUSCH上发送Msg3，这一步仅在基于竞争的RACH流程中才需要。

（4）终端在PDSCH上接收随机接入的竞争解决消息，即Msg4，并判断是否成功完成随机接入，这一步仅在基于竞争的RACH流程中需要。

在NR R16的标准化中，为了降低随机接入时延，减少信令开销和功耗，NR中又引入了2步RACH。2步RACH具有低时延、低信令开销等优点，可以更好地支持高频段、非授权频段和低轨卫星等大往返路程时间（RTT）的场景。

2步RACH的基本流程如图7-4所示，对比4步RACH，2步RACH将PRACH（Msg1）和PUSCH（Msg3）一起发送，命名为MsgA，将随机接入响应RAR（Msg2）和竞争解决消息（Msg4）一起发送，命名为MsgB。类似于4步RACH，2步RACH也可以分为基于竞争的随机接入和基于非竞争的随机接入。

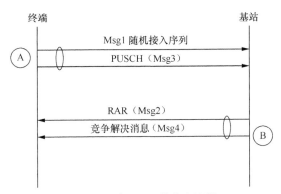

图7-4 2步RACH的基本流程

在SI阶段，RAN1基于4步RACH，提出了三类方案用于RedCap终端的早期识别，之后RAN1、RAN2均基于这三类方案进行了进一步的讨论和方案确认；同时，标准化中也考虑了基于2步RACH的RedCap终端提前识别方案设计，但由于2步RACH是以4步RACH为基础的，其设计类似，故基于2步RACH的提前识别方案也可以参考基于4步RACH的提前识别方案进行优化，因此，WI阶段首先着重讨论基于4步RACH的识别方案的取舍，然后基于此对第四类方案（基于2步RACH的方案）进行标准化。针对4步RACH的三类方案分别如下。

- 通过发送Msg1进行提前识别。
- 通过发送Msg 3进行提前识别。
- 在Msg4之后确认，如通过发送Msg5或通过终端能力上报进行提前识别。

针对2步RACH的方案为：通过发送Msg A进行提前识别。

下面以4步RACH为例，分别阐述三种识别方案的工作机制和包括细分方案在内的优缺点。基于2步RACH的细分识别方案，其工作原理大体上与4步RACH类似，区别主要是通过MsgA中的PRACH部分识别，还是通过MsgA中的PUSCH部分来识别RedCap终端。

7.2.1 三种提前识别方案

1. 通过发送Msg1进行提前识别

通过发送Msg1进行提前识别主要是指通过为RedCap终端和non-RedCap终端配

置独立PRACH资源（例如，时机和/或格式）或PRACH前导码，或者说为RedCap终端配置专属的PRACH资源或PRACH前导码。当基站检测到RedCap终端专属配置的PRACH资源或PRACH前导码时，即认为在该PRACH资源或使用该PRACH前导码的终端为RedCap终端。表7-11所示为通过发送Msg1进行RedCap终端提前识别的优缺点。

表7-11　通过发送Msg1进行RedCap终端提前识别的优缺点

优点	缺点
如果标准采纳了对RedCap终端可以放松对其处理信息的最小时间要求，那么RedCap终端接收和发送信息之间所需的最小切换时间间隔（称为最小时间）将与non-RedCap终端不同。基于Msg1的提前识别方法能够有效处理终端能力上报之前、随机接入过程中，由于不同终端种类的最小时间或时延要求不同带来的问题包括： • 携带RAR的PDSCH和携带Msg3的PUSCH起始时间之间的最小时间间隔； • 承载Msg4的PDSCH与相应的HARQ-ACK反馈之间的最小时间间隔； • 在RedCap终端引入宽松的终端最小处理时间条件下，携带Msg3重传调度的PDCCH与相应的Msg3 PUSCH重传之间的最小时间间隔； • RRC Setup到RRC Setup Complete的不同时延等	若小区中总PRACH资源没有增加，基于RPACH资源的识别要求给RedCap分配专属PRACH资源，这会导致PRACH用户容量的潜在减少，且对RedCap终端和non-RedCap终端均有影响。具体的影响取决于要识别的设备类型、子类型、能力的数量及PRACH前导码分配方案的具体设计
在需要的情况下，可实现覆盖补偿，包括对广播的PDCCH、与Msg2关联的PDSCH、与Msg4关联的PDSCH和与Msg3关联的PUSCH实现链路自适应	PRACH资源划分方案会导致PRACH上行开销的潜在增加，对RedCap终端和non-RedCap终端均有影响
可用于拒绝RedCap终端从RRC_IDLE/INACTIVE模式进入RRC_CONNECTED模式的请求	如果需要对RedCap终端细分的子类型进行识别，基于Msg1的方法会更加困难
基站可以在传输RAR时考虑终端射频重调时间，允许RedCap终端接入比其带宽更大的初始BWP进行工作（RedCap终端工作在比其带宽更大的BWP上的方案在WI阶段没有被采纳）	对RAN1和RAN2的协议影响和系统消息开销更大

2. 通过发送Msg3进行提前识别

通过发送Msg3进行提前识别的方案可以通过多种方式实现，如使用Msg3的剩余比特来实现，或通过专用逻辑信道标识（LCID）来进行识别等。LCID位于MAC子头中，是用来标识相应MAC SDU（服务数据单元）的逻辑信道实体或相应MAC CE（控制单元）或填充的类型，对于下行共享信道和上行共享信道，不同的LCID值有不同的含义，R17中下行共享信道和上行共享信道不同LCID值代表的含义[27]，如表7-12和表7-13所示。

表7-12 eMBB终端下行共享信道LCID值

索引	LCID值/含义
0	公共控制信道（CCCH）
1～32	逻辑信道标识
33～46	保留
47	推荐比特率
48	SP ZP CSI-RS资源集激活/去激活
49	PUCCH空间关系激活/去激活
50	SP SRS激活/去激活
51	通过PUCCH上报SP CSI激活/去激活
52	终端特定PDCCH的TCI状态指示
53	终端特定PDCCH的TCI状态指示激活/去激活
54	非周期CSI触发状态选择
55	SP CSI-RS/CSI-IM资源集激活/去激活
56	复制激活/去激活
57	SCell激活/去激活（4字节）
58	SCell激活/去激活（1字节）
59	长DRX命令
60	DRX命令
61	时间提前命令
62	终端冲突解决标识
63	补充

表7-13 eMBB终端UL-SCH LCID值

索引	LCID值/含义
0	64比特CCCH（参考TS 38.331中的"CCCH1"）
1～32	逻辑信道标识
33～51	保留
52	48比特CCCH（参考TS 38.331中的"CCCH"）
53	推荐比特率问询
54	多入口PHR（功率余量上报）（4字节C_i）
55	配置准许信息
56	多入口PHR（1字节C_i）
57	单入口PHR
58	C-RNTI
59	短截断BSR（缓冲状态上报）

续表

索引	LCID值/含义
60	长截断BSR
61	短BSR
62	长BSR
63	补充

由此可知，LCID值中还有1个补充比特保留未使用，可考虑用于基于Msg3的RedCap终端提前识别。因此，通过发送Msg3进行RedCap终端的提前识别可细分为如下的潜在方案。

- 使用现有Msg3中剩余的1比特。
- 扩展Msg3大小使其能承载更多的比特，用于区分RedCap终端种类。
- 引入Msg3携带的具有更大载荷的RRC消息（如在CCCH1消息上）。
- 采用新的MAC控制单元或LCID。

通过发送Msg3进行RedCap终端提前识别各细分方案的优缺点如表7-14所示。

表7-14 通过发送Msg3进行RedCap终端提前识别的优缺点

优点	缺点
仅需要使用Msg3载荷中剩余1比特进行提前识别，不对物理层设计进行改动，因此对RAN1协议影响小，工作量少	Msg3中只有1比特未使用，如果仅使用1比特来进行识别，则扩展性有限，若RedCap终端定义多种子类型，则无法进一步指示和识别
如果允许通过扩展Msg3大小来实现RedCap终端的早期识别，则可以实现更好的扩展性，支持多种类型终端的识别，如RedCap终端子类的识别	扩展Msg3大小，则需要在传统Msg3和扩展Msg3间进行识别、区分，有可能会降低Msg3的可靠性/覆盖
通过发送Msg3进行提前识别可以根据需要实现覆盖补偿，包括对与Msg4关联的PDSCH及相关的PDCCH、PUCCH，以及Msg5的链路自适应	无法实现对广播PDCCH、Msg2 PDSCH、和Msg3 PUSCH（及相关PDCCH）的额外覆盖补偿（包括单独的链路适应）
类似于基于Msg1的提前识别，能够处理RedCap终端和non-RedCap终端RRC过程的不同处理时延要求，如RRC Setup到RRC Setup Complete、RRC Resume到RRC Resume Complete的最小时间或时延	对于Msg3之前的消息，无法处理不同的终端信息处理时间要求带来的问题，包括承载Msg2和Msg3之间的时间间隔，以及具有重传许可的PDCCH和相应的Msg3 PUSCH重传之间的时间间隔，都不能用不同于eMBB终端的专属最小时序关系来促进调度，因为可能会导致non-RedCap终端的初始接入时延增加
可用于拒绝RedCap终端从RRC_IDLE/RRC_INACTIVE模式进入RRC_CONNECTED模式的请求	无法解决调度Msg3的带宽（包括跳频）范围大于上行初始BWP中的最大RedCap终端带宽的问题

3. 在Msg4之后确认，如通过发送Msg5或通过终端能力上报进行提前识别

从RAN1的角度来看，通过发送Msg5或通过终端能力上报来提前识别RedCap终端

类型是一个可行的选项。而从RAN2的角度来看，通过对现有信令进行有限协议改动，也可以实现这种识别。在Msg4之后通过发送Msg5或终端能力上报提前识别RedCap终端方案的优缺点如表7-15所示。

表7-15   Msg4之后识别RedCap终端的优缺点

优点	缺点
通过终端能力上报的方式来提前识别RedCap终端的方式较为简单，有标准化的必要，能够适配多种RedCap终端子类型的场景	不能实现额外的覆盖补偿或对广播PDCCH、与Msg2关联的PDSCH、与Msg4关联的PDSCH和与Msg3关联的PUSCH的单独链路自适应。 造成对所有终端的过于保守的调度和链路自适应，从而增加了在初始上行BWP上进行接入的系统开销
对RAN1、RAN2协议影响有限或无影响，额外的标准工作量小	不能解决在初始接入过程中，不同终端类型处理能力和处理时间不同、时序不同带来的问题
	无法解决在上行初始BWP中Msg3或响应Msg4的PUCCH或Msg5的调度带宽/跳频范围大于最大RedCap终端带宽的问题
	不能拒绝RedCap终端从RRC_IDLE/RRC_INACTIVE模式进入RRC_CONNECTED模式的请求

对比三类方案，基于Msg1（或MsgA）的方案能够更早地使网络识别RedCap终端，对于包含RACH在内的调度都可以基于此进行增强，但由于其涉及物理层配置的划分，因此标准化工作量和协议影响也是最大的；相比而言，基于Msg3的识别方案实现提前识别的时间更迟，且只能实现有限的调度增强（对Msg4/Msg5的调度增强）；在Msg4之后的识别，则是基于现有能力上报实现，虽然相对来说标准化工作量更小，但没有太多额外的增益，不能完全满足RedCap终端提前识别的初衷。因此标准讨论初期，明确了基于Msg4之后的识别方案为现有技术，不属于"提前"识别。

对基于Msg1的识别和基于Msg3的识别，在WI阶段的初期，RAN2决定两个方案都支持，而是否需要进行进一步的取舍及优化将取决于RAN1对RedCap终端提前识别的需求。从RAN2角度来看，相较基于Msg1的方案，基于Msg3的方案缺点只是识别出RedCap终端的时间相对更迟，且对于Msg3的识别方案中，通过LCID的方式来识别RedCap终端仅需要使用特定的逻辑信道号，这是终端天然可支持的，没有额外的工作量，且无须对Msg3的容量进行扩展，也无须占用Msg3的剩余比特，因此技术上是可支持的。类似地，RAN1认为是否需要基于Msg3的方案应由RAN2决定。最终，基于Msg1的识别方案和基于Msg3的识别方案都得以保留。

在后续讨论中，RAN1和RAN2分别确认了基于Msg1（或MsgA）的提前识别是一个网络可配置的功能，可通过网络是否配置了用于提前识别的专用物理资源来隐式指示是否采用基于Msg1的方式来进行RedCap终端的提前识别。因此，当网络没有配置基于Msg1（或MsgA）的识别方式时，RedCap终端可以仅通过基于Msg3的方案来让网络进行提前识别。

在确定上述的识别方式之后，还有一些相关的问题也需要讨论。比如现有随机接入机制，支持2步RACH回落到4步RACH的方式，因此在对RedCap终端提前识别中也需要考虑RACH机制回落带来的问题。

对于2步RACH回到4步RACH共有两种情况。

情况1：基站没有成功收到MsgA PUSCH，因此在MsgB中反馈回退RAR来触发回退；

情况2：终端重传MsgA达到最大发送次数msgA-TransMax而触发了回退。

对于上述两种情况，标准对终端应该使用Msg1还是Msg3进行RedCap终端类型指示，以及是否需要对上述两种情况进行统一的方案设计进行了讨论。对于情况1，终端收到网络的回退RAR，需要从Msg3的发送开始来完成4步RACH，考虑到基于Msg3的提前识别方案是基于特定LCID的，即天然可支持的，对此种情况来说，直接基于Msg3进行提前识别是十分自然的。而对于情况2，终端未完成任何上行信息的发送，因此当其回退到基于4步RACH的指示方式时，基于Msg1和Msg3的提前识别方案都是可行的。

7.2.2　标准体现

1. 基于Msg1的提前识别

基于Msg1的提前识别方案是网络可配的，具体来说，网络可以通过ServingCell-Config/ServingCellConfigCommon的uplinkConfigCommonSIB/uplinkConfig Common中配置initialUplinkBWP-forRedCap，并可在其中配置专用RACH资源[16]。

对于PRACH资源的划分，一直是各个议题的争论焦点，除了RedCap课题外，网络切片、小包传输等课题均希望分配专用的RACH资源，因此RAN2对RACH资源的划分进行了统一的讨论。在最终采纳的方案中，对于上述几个需要特定RACH资源的功能进行了一致的设计，避免RACH资源被划分得过于细散而增加网络和终端的复杂度。
具体地，通过在SIB中引入featurePriorities IE，终端可以获取各个特性的优先级，当一
个随机接入序列被多个特性所共享时，终端可以基于优先级来决定使用顺序。

```
featurePriorities-r17          SEQUENCE {
      redCapPriority-r17              FeaturePriority-r17
OPTIONAL,
      slicingPriority-r17             FeaturePriority-r17
OPTIONAL,
      ce-Priority-r17                 FeaturePriority-r17
OPTIONAL,
      sdt-Priority-r17                FeaturePriority-r17
OPTIONAL,
```

对于featurePriorities中所适用或指示的一个或多个特性则通过FeatureCombination-
Preambles IE来说明。

```
-- ASN1START
-- TAG-FEATURECOMBINATION-START

FeatureCombination-r17 ::= SEQUENCE {
    redCap                   ENUMERATED {true}
OPTIONAL,  -- Need R
    smallData                ENUMERATED {true}
OPTIONAL,  -- Need R
    sliceGroup               SliceGroupList-r17
OPTIONAL,  -- Need R
    covEnh                   ENUMERATED {true}
OPTIONAL,  -- Need R
    laterThanRel17Features   ENUMERATED {true}
OPTIONAL,  -- Need R
    ...
}

SliceGroupList-r17 ::= SEQUENCE ( SIZE ( 1..ffsUpperLimit ) ) OF SliceGroup
ID-r17
```

而对于每个特性可用的序列则在FeatureCombinationPreambles IE中进行定义。

```
-- ASN1START
-- TAG-FEATURECOMBINATIONPREAMBLES-START

FeatureCombinationPreambles-r17 ::=    SEQUENCE {
    featureCombination-r17                FeatureCombination-r17,
    startPreambleForThisPartition-r17     INTEGER ( 1..64 ),
    numberOfPreamblesForThisPartition-r17 INTEGER ( 1..64 ),
    ssb-SharedRO-MaskIndex-r17            INTEGER ( 1..15 )
```

```
OPTIONAL, -- Need R
    numberOfRA-PreamblesGroupA-r17           INTEGER (1..64)
OPTIONAL, -- Need R
    separateMsgA-PUSCH-Config-r17            MsgA-PUSCH-Config-r16
OPTIONAL, -- Cond MsgAConfigCommon
    featureSpecificParameters-r17            SEQUENCE {
        rsrp-ThresholdSSB-r17                    RSRP-Range
OPTIONAL, -- Need R
        rsrp-ThresholdMsg3-r17                   RSRP-Range
OPTIONAL, -- Need R
            -- Editor's note: TBD if this parameter indeed can be
partition-specific.
        messagePowerOffsetGroupB-r17             ENUMERATED{minusinfinity,
dB0, dB5, dB8, dB10, dB12, dB15, dB18}  OPTIONAL, -- Need R
        ra-SizeGroupA-r17                        ENUMERATED{b56, b144, b208,
b256, b282, b480, b640, b800, b1000, b72, spare6,
                                                    spare5,spare4,
spare3, spare2, spare1}
OPTIONAL, -- Need R
        deltaPreamble-r17                        INTEGER (-1..6)
OPTIONAL  -- Need R
    }
}
-- TAG-FEATURECOMBINATIONPREAMBLES-STOP
-- ASN1STOP
```

因此，基于网络指示的优先级及可用的序列范围，RedCap终端可以通过序列来实现基于Msg1的提前识别。需要注意的是，当2步RACH回退到4步RACH时，对于使用RA分割（特性间共享）的2步RACH，仅能回退到使用RA分割的4步RACH，而不能回退到使用普通资源的4步RACH。

2. 基于Msg3的提前识别

RAN2最终决定采用基于专用LCID的方式，这样Msg3大小可以和现有标准保持一致，也无须额外引入新消息，减少标准化影响和标准化工作量。对于这种识别方式，只要当Msg3中包含CCCH数据，RedCap终端便使用专用LCID，通过Msg3进行提前识别，且专用LCID也可用于基于MsgA的提前识别中，具有较好的扩展性。此外，由于承载Msg3的逻辑信道有CCCH和CCCH1两种，因此共定义了两个专用的LCID分别用于这两个逻辑信道的指示，以实现基于Msg3的提前识别。更新后的上行共享信道LCID如表7-16所示。

表7-16 更新后的上行共享信道LCID

索引	LCID值/含义
0	64比特CCCH（参考TS 38.331中的"CCCH1"），除了RedCap终端
1～32	逻辑信道标识
33	扩展的逻辑信道ID域（2字节eLCID域）
34	扩展的逻辑信道ID域（1字节eLCID域）
35	RedCap终端的48比特CCCH（参考TS 38.331中的"CCCH"）
36	RedCap终端的64比特CCCH（参考TS 38.331中的"CCCH1"）
37～44	保留
45	截断的旁路通信BSR
46	旁路通信BSR
47	保留
48	LBT（先听后发）失败（4字节）
49	LBT失败（1字节）
50	BFR（波束失效恢复）（1字节C_i）
51	截断的BFR（1字节C_i）
52	48比特CCCH（参考TS 38.331中的"CCCH1"），除了RedCap终端
53	推荐比特率问询
54	多入口PHR（4字节C_i）
55	配置准许信息
56	多入口PHR（1字节C_i）
57	单入口PHR
58	C-RNTI
59	短截断BSR
60	长截断BSR
61	短BSR
62	长BSR
63	补充

RedCap终端可能有不同的接收天线数，如1Rx和2Rx等，但RAN2认为，网络仅需要识别终端是否为RedCap终端，而无须知道终端的接收天线数，因此无论是基于Msg1的提前识别，还是基于Msg3的提前识别，都不针对终端天线数做额外的设计，终端支持的接收天线数通过终端能力获知即可。

3. 基于终端能力上报的类型识别

基于终端能力上报来识别RedCap的方式虽然不作为提前识别的一种方式，但不可否认，网络也可以通过其能力上报获取RedCap终端识别信息，特别是在其他提前识别方案没有成功指示终端类型的情况下。例如，当网络侧获取到终端的专属能力FG28-1上报的带宽或者接收天线数信息等。这种识别可以认为是现有技术的一种延伸，并没有新的设计方案。协议中定义了终端能力上报中RedCap相关的能力参数**RedCap-Parameters**[16]，其包含两项内容，一项为**SupportOf RedCap**，当其值为**supported**时表示该终端支持RedCap这一特性，网络可基于此来进行针对RedCap的调度；另一项为**supportOf16DRB-RedCap**，当**supportOf16DRB-RedCap**值为**supported**时表示终端最多可支持16个DRB，网络可以基于此为终端配置更多的DRB。

```
-- ASN1START
-- TAG-REDCAPPARAMETERS-START

RedCapParameters-r17::=                    SEQUENCE {
    supportOfRedCap-r17                    ENUMERATED {supported}
OPTIONAL,
    supportOf16DRB-RedCap-r17              ENUMERATED {supported}
OPTIONAL
}
-- TAG-REDCAPPARAMETERS-STOP
-- ASN1STOP
```

(((•))) 7.3　RedCap终端准入控制与业务限定

5G支持过载和准入控制（也叫接入限制或访问限制）功能，如RACH回退、RRC连接拒绝、RRC连接释放和基于终端的准入控制机制。RedCap终端接入控制功能的设计是网络给予终端指示，告知其是否支持该类终端，同时对终端小区选择、重选参数及对应行为进行了详细定义，便于网络更好地服务终端。因此，对RedCap终端而言，传统机制也可以适用。新的接入限制的设计除了提供传统的功能，还需要考虑对RedCap终端特定的访问限制，以避免其接入给传统终端带来不利影响。

在讨论过程中，主要考虑的方式有：小区禁止接入（Cell barring）、统一接入控制

（UAC）、RRC连接建立拒绝。其中，RRC连接建立拒绝可以通过对RedCap终端的识别（包括提前识别）然后拒绝其RRC连接建立请求来实现，与传统方案的思路一致，此处不再赘述。

7.3.1 两种准入控制机制

1. 小区禁止接入

对于5G eMBB终端，广播系统信息可通过显式或隐式方式指示终端是否可以驻留在小区。网络侧可能不允许终端驻留在某个小区或某个频率上的所有小区，以确保终端仅驻留在覆盖最好或信号最强的小区。终端可通过同频重选指示符（IFRI）的配置了解是否仅将当前小区视为禁止小区或该频率上的所有小区皆不可驻留。对于RedCap，初期讨论主要聚焦于小区禁止接入功能应该采用与传统终端相同的控制方式还是引入新的可单独配置给RedCap终端的参数。

要单独指示网络禁止RedCap终端接入，有两种可能的指示方式：通过MIB消息指示、通过SIB消息指示。考虑到MIB仅剩余1比特，大部分公司倾向通过SIB消息进行指示，即有RedCap专用的cellBarred标识。同时，考虑到应给予网络更多的灵活性，可在系统消息中对不同接收天线数的RedCap终端分别指示其是否被网络禁止接入。RAN2最终同意在SIB1中引入cellBarredRedCap1Rx和cellBarredRedCap2Rx对不同接收天线数的RedCap终端分别指示其接入情况，该指示是按小区配置的，而不是按公共陆地移动网（PLMN）配置的。

对于传统non-RedCap终端，如果显示当前小区被禁止接入，终端将读取系统消息中的IFRI获知是否可以接入同频的其他小区。对RedCap终端来说，其操作应该是类似的，SIB1专门为RedCap终端定义了新的标识intraFreqReselectionRedCap，用于指示RedCap终端在被当前小区禁止接入后是否可以接入其他同频小区。不同于小区禁止标识cellBarredRedCap对不同天线数是分别指示的，intraFreqReselectionRedCap对所有RedCap终端来说是通用的，且该标识若在系统消息广播中缺失，则表示当前小区不支持RedCap特性或功能。

由于对RedCap终端的小区禁止接入指示位于SIB1中，系统消息中还有适用于所有终端的小区禁止指示及IFRI，对RedCap终端而言，该如何去理解这些功能相同的标识是需要解决的问题。最终的工作机制为：如果RedCap终端无法获取MIB，则认为其可以进行同频重选；而如果MIB中显示该小区禁止终端接入，即cellbarred标识值为barred，RedCap终端需要获取SIB1，根据RedCap专用的IFRI决定是否重选到同频小区；另外，如果小区没有显示支持RedCap或者RedCap终端无法获取SIB1，则认为终端可以重选其他同频小区。

另外，考虑到RedCap终端可能对不支持RedCap特性的邻区进行测量并发起小区重选造成额外的功耗，系统消息，如SIB4中还将提供频率信息，告知终端哪些频率是支持RedCap特性的。

2. 统一接入控制

统一接入控制框架由参考文献[28]给出，在RedCap特性引入之前，该功能适用于RRC_IDLE、RRC_CONNECTED和RRC_INACTIVE状态的所有终端。在统一接入控制中，每个访问尝试都与一个访问类别和一个或多个访问身份相关联[29]。

当RedCap终端作为一个新的终端类型引入时，需要讨论该机制是否也适用于RedCap终端，以控制RedCap终端在网络的接入，以及是否需要引入新的访问身份和访问类别等来与传统终端做区分，网络是否能够通过统一接入控制区分RedCap终端和non-RedCap终端等问题。

SI阶段考虑的可能的解决方案如下（选项不需要相互排斥）。

① 定义一个或多个RedCap特定的访问身份。访问身份与终端类型相关联，并且（当前）用于解除对某些身份的限制，例如用于为优先服务配置的特殊接入等级或终端类型。

② 定义RedCap特定的访问类别。访问类别与访问尝试的类型相关，并且根据访问尝试的触发类型设置每个访问尝试类型（如果NAS触发则由NAS设置，如果AS触发则由RRC设置）。每次访问尝试只能有一个访问类别。为了能够以不同的方式处理不同的RedCap访问尝试类型，如对不同的访问类型应用不同的限制，可以考虑为RedCap定义多个访问类别。

③ 使用一些由运营商为RedCap定义的访问类别。先前方案的描述也适用于本方案，不同之处在于本方案不受规范影响，不能用于初始附着到网络。

④ 为RedCap终端广播一组不同的UAC参数，使得网络可以灵活、单独地为RedCap终端提供UAC参数，同时避免对non-RedCap终端的UAC配置产生影响。

⑤ RedCap终端使用现有的UAC参数，无须更改，即相同的 UAC 参数适用于所有终端（non-RedCap终端和RedCap终端），并且不定义新的访问类别和访问身份，此选项不需要更改规范。

如果能够像NB-IoT和eMTC这类场景一样，为RedCap终端设计一套专用的UAC参数，则可以增加网络对RedCap终端控制的灵活性，但这也将带来额外的信令开销及标准化工作量。考虑到UAC的接入类别和接入身份等都是由SA1定义的，而SA1认为目前现有的UAC机制可以适用于RedCap，无须新定义接入类别或接入身份来识别RedCap终端，因此，在R17 RedCap WI中后期，RAN2最终决定不为RedCap终端引入额外的UAC机制。

除了上述终端准入控制机制，WID还要求讨论和研究如何限定RedCap终端接入网络之后只用于特定的业务，以此避免RedCap这种降低能力的终端"伪装"成eMBB终端在网络中工作的场景。对此，运营商和网络可以通过以下3种方式实现对RedCap终端接入的限定。

① 通过用户注册或订阅激活流程，如可以将RedCap终端信息通过RAN或直接告知核心网，网络侧可以相应地激活被允许的终端业务或拒绝该用户的注册请求。

② 根据终端类型与对应的RedCap终端能力匹配校验来验证RedCap终端。

③ 通过网络自身的实现方法识别和确保RedCap用户的目标业务。

7.3.2 标准体现

1. 小区禁止接入指示

SIB1引入cellBarredRedCap1Rx和cellBarredRedCap2Rx对不同接收天线数的RedCap终端分别指示其接入情况，如下所示。

```
SIB1-v17xy-IEs ::=            SEQUENCE {
    hyperSFN-r17                 BIT STRING ( SIZE ( 10 ) )
OPTIONAL,  -- Need R
    eDRX-Allowed-r17             ENUMERATED ( true )
OPTIONAL,  -- Need R
    cellBarredRedCap-r17         SEQUENCE {
        cellBarredRedCap1Rx-r17      ENUMERATED{barred, notBarred},
        cellBarredRedCap2Rx-r17      ENUMERATED{barred, notBarred}
    }                                OPTIONAL,  -- Need R
    intraFreqReselectionRedCap-r17 ENUMERATED {allowed, notAllowed}
OPTIONAL,  -- Need S
    nonCriticalExtension         SEQUENCE {}
OPTIONAL
}
```

2. RedCap支持及重选指示

SIB1中引入了RedCap专用的intraFreqReselectionRedCap标识，通过核对该标识对应的值，终端决定是否进行小区重选。如果当前小区被禁止接入，则终端需要考虑是否可以重选到同频其他小区。

```
    intraFreqReselectionRedCap-r17 ENUMERATED {allowed, notAllowed}
OPTIONAL,  -- Need S
```

第8章

面向下一代5G-Advanced网络的演进

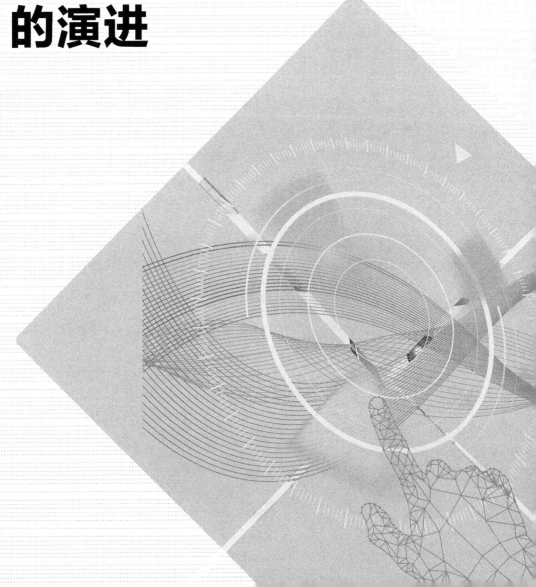

3GPP在R15引入了5G第一个版本，建立了支持eMBB的基本特性；R16进一步增强了eMBB功能，并补全了URLLC特性，拓展了对垂直行业的支持。R17引入了RedCap，基本完成了5G标准建立之初的愿景：支持eMBB、URLLC和mMTC三大业务。业界开始思考R18需要做什么？在共同探讨和洞察产业趋势的过程中，3GPP逐步形成了一些共识：为了更好地支持eMBB业务演进和将3GPP拓展到更多的垂直行业，R18将成为一个标准大版本，也需要有比较大的特性，进一步推动产业发展。这里的一个标志性事件就是在2021年4月27日的第46次PCG会议上，3GPP正式将5G演进的名称确定为5G-Advanced，并决定开始对2021年年底立项的R18进行相关的评估和标准化工作。从2021年6月开始，3GPP开展了一系列官方的讨论，逐步形成了R18特性包的全貌[30]。

R18版本的RedCap主要考虑从更低的终端成本，进一步降低终端能耗的角度，使能更多的应用场景和垂直行业，如智能电网[31]。

1. 更低的终端成本

终端成本的降低大体来自两个方面：一是直接通过软、硬件功能的裁剪或优化降低成本，这是比较直接的方式；二是通过芯片的规模经济效应最大化一款芯片的生命周期，从而降低其平均开发成本。长期来看，R17 RedCap的定位大致在LTE Cat.1到Cat.4之间。

随着RedCap标准化的推进，产业环境有了一些新变化，例如，从2020年开始，中国多地区运营商推出Cat.1模组；2021年，基于4G技术的LTE Cat.1bis物联芯片获得了不少市场关注。这些都表明，成本在toB领域仍然是非常敏感的考量因素。Cat.1bis的主要指标包括：下行（10Mbit/s）/上行（5Mbit/s）和1Rx。与RedCap 1Rx相比，虽然Cat.1bis的最大带宽和最小接收天线数相同，但仍然可以通过进一步集成和优化、限制处理能力等技术，显著地压缩成本。在面向LPWA场景设计的NB-IoT和NR R17 RedCap之间，也许有足够的市场空间，能够支撑一款基于NR的物联终端，大致与LTE Cat.1bis相当。

2. 进一步降低终端能耗

因为直接关系到用户体验，终端节能始终是终端设备追求的目标。在R17标准化的终端节能技术的基础上，R18还讨论了如下几个技术方向。

① 通过更长的eDRX周期（大于10.24s）进一步增加终端在INACTIVE模式下的节能收益。

② 更低发送功率等级的终端。

③ 低功率（唤醒）接收机。

④ 能量收割。

其中，①和②是在R17甚至更早的版本中就被提出的方案，在R17 RedCap的第一个版本中，由于时间问题，对其研究得不够充分。③被认为是可以应用于包括RedCap及其他种类物联终端设备的技术方向，所以单独立项于新的课题中，以便展开更全面的研究[32]。有公司认为，④也是RedCap演进方向之一[33]，使能终端设备通过收集系统环境中的能量达到节能的目的，且④所针对的场景和潜在技术方案与同样在RAN全会中提出的无源物联网[34]有相似之处，但其对应的终端类型与RedCap有显著的不同，需要进一步研究以获得系统化的理解。因此，R18没有引入能量收割，但启动了全会层面针对无源物联网的研究项目[35]。

8.1　研究项目立项

关于降低成本，3GPP进行了详细的评估[31]，总体目标是定义一种新的终端类型，需要评估其对网络侧的影响，与R17的RedCap终端和其他非物联终端如何共存。具体内容如下。

① 带宽降低：带宽进一步降低到5MHz，相对R17 RedCap终端，预计可降低成本约20%[36]。

② 峰值数据速率降低：包括限制终端能力（限制最大的TBS）、限制RB数量，直观的效果是终端可达的峰值数据速率不会超过某一个阈值。

③ 处理时延放宽：与R17评估过的技术方案类似，包括上下行数据信道和CSI处理时延放宽为原来的2倍。

RAN1#109次会议作为SI阶段的第一次小组会，针对5MHz的带宽降低候选方案及评估假设进行了讨论。带宽降低的候选方案包括以下3种，其中，BW2是可选评估的选项。

① BW1：射频和基带带宽均降低到5MHz。

② BW2：所有的基带信号带宽都降低为5MHz，射频带宽保持20MHz。

③ BW3：只降低数据信道（包括PDSCH和PUSCH）基带带宽到5MHz，射频带宽保持20MHz，其他所有的信号和信道仍然可以使用最大20MHz基带带宽和射频带宽。

在讨论的过程中，也有公司提出要做非对称的带宽降低，包括空闲态和连接态的带宽不一样，下行和上行的带宽不一样，最后由于支持的公司较少，该提议没有被写入候选方案。

参考R17的SI，R18 RedCap需要分析复杂度降低所带来的性能影响、网络部署影响、共存影响、标准影响。网络部署影响至少包括对网络配置灵活性的限制，调度的限制及网络开销的影响。

带宽降低的标准影响包括能否复用现有SSB、CORESET、SIB和寻呼等公共消息的PDSCH、初始上行BWP，不同带宽降低候选方案在终端操作上有所区别，对标准影响的大小也有所不同。

RAN1#109次会议对候选的峰值数据速率降低方案进行了讨论，候选方案包括以下3种。

① PR1：放宽对影响峰值数据速率的几个参数乘积结果的限制 $\left(v_{\text{Layers}}^{(j)} \cdot Q_{\text{m}}^{(j)} \cdot f^{(j)} \geq 4\right)$ 以降低峰值数据速率。

② PR2：限制PDSCH和PUSCH所能承载的最大TBS。

③ PR3：限制PDSCH和PUSCH可分配的最大RB数量。

具体地，对于PR1，可以将原来大于等于4的限制放松到大于等于1。对于PR2，具体的限制为，对于15KHz的子载波间隔，最大TBS限制为每时隙10000比特；对于30kHz子载波间隔，最大的TBS为每时隙5000比特。对于PR3，RB数量的上限将成为一个硬性要求。

带宽降低方案BW3和峰值数据速率降低方案PR3可能存在互相转换的关系，例如，BW3基带带宽降低以后，实际上会限制可以调度的RB数量，从而也等效降低了峰值数据速率。两者的区别在于：PR3与BW3相比，只要RB位置可以位于20MHz带宽内，频域资源的具体分配位置不限于集中在连续的5MHz内，这样就可以允许基站做分布式调度，资源分配更为灵活。因此，两个方案单独列出，具体的区别也会在后续研究。

RAN1#109次会议也同意考虑缓存大小的降低，但由于其不在原有的SI内明确列出，也没有定义相关的量化分析方法，因此不需要对其进行量化评估。

关于复杂度降低的评估假设，讨论过程提出参考NR终端或R17 RedCap终端，但由于参考R17终端需要更新成本分解方法，以及射频和基带的各个组成部分的成本占比，会议结论是仍参考NR终端进行评估。为了评估R18 RedCap的额外成本降低所产生的增益，仍需与R17 RedCap做对比，同时还基于R17 RedCap终端支持的最简配置，定义了R17 RedCap的参考配置，即20MHz、1Rx、1layer、下行64QAM、上行64QAM、FDD或TDD，此外HD-FDD和2Rx配置是可选的评估参考项。

除了成本评估，还需评估带宽降低方案对覆盖性能的影响，覆盖性能评估的方法和假设请阅读参考文献[2]。RAN1#110次会议对上述候选方案进行了全面的评估和分析，部分候选项的分析结果如表8-1和表8-2所示，更详细的分析及其他具体的性能分析可见参考文献[37]。

表8-1 不同带宽降低选项相比R17 RedCap的平均成本增益

选项	FD-FDD、1Rx	TDD、1Rx	HD-FDD、1Rx	FD-FDD、2Rx	TDD、2Rx	HD-FDD、2Rx
BW1	11.85%	11.25%	14.06%	14.31%	13.42%	14.79%
BW2	9.15%	8.08%	11.92%	11.46%	8.81%	12.21%
BW3	8.02%	7.66%	8.90%	8.72%	7.68%	9.19%

表8-2 不同峰值速率降低选项相比R17 RedCap的平均成本增益

选项	FD-FDD、1Rx	TDD、1Rx	HD-FDD、1Rx	FD-FDD、2Rx	TDD、2Rx	HD-FDD、2Rx
PR1	4.13%	4.02%	4.99%	5.36%	3.73%	4.74%
PR2	4.26%	4.16%	5.14%	6.91%	3.82%	4.82%
PR3	7.06%	6.74%	8.12%	9.81%	6.59%	7.98%

基于上述复杂度降低带来的增益分析，同时综合考虑各个选项方案对网络的性能影响，网络部署及共存影响，标准影响等，RAN1建议将BW3和PR3作为备选项，两者之间选择一种进行WI阶段的标准化。同时，也有部分公司希望将BW1和PR1也作为备选项之一。最终RAN#97次全会决定各选择一种作为WI的研究方案（8.2节具体介绍）。另外，针对放宽对终端的PDSCH、PUSCH及CSI的处理时间限制这三个技术方案，是否在上述方案的基础上进行研究也在RAN#97次全会决定。

8.2 工作项目标准化展望

R18 RedCap主要集中在终端复杂度和成本降低及终端节能两大部分。其中，终端成本和复杂度降低部分的研究范围取决于SI阶段的输出，终端节能部分将对前面提到的①通过更长的eDRX周期（大于10.24s）进一步增加终端在INACTIVE模式下的节能收益，以及②更低发送功率等级的终端这两个方向做进一步讨论，以决定是否进行标准化。

针对终端成本和复杂度降低部分，涉及几种方案的选择，综合考虑标准化影响和复杂度降低所带来的增益，最终选择对BW3和PR1进行标准化。额外地，RAN#98-e针对PR1是作为独立的成本降低技术、还是作为BW3的附加技术联合使用，也做了讨论[38]。讨论的分支之一是如果PR1可作为独立的成本降低技术，是否允许其适用于R17版本的RedCap终端？从技术上讲，这是可行的。然而从市场角度考虑，一些公司提出这实际导致R17引入了两种终端设备类型，会造成市场的碎片化，并且不利于已经在设计开发中的原本不支持PR1的R17 RedCap芯片和产品。因此，PR1的标准化方式在RAN#98-e没有达成共识。直到RAN#99次全会，历经两次全会的激烈讨论，对引入PR1是否会导致两种R18 RedCap终端类型出现的问题形成共识——支持PR1作为独立的成本降低技术是建立在R17的终端功能基础上的，并不会带来新的终端类型，现有的标准协议支持终端不同的峰值速率能力，并不会引入相应的终端类型。最终在BW3（还可以包括叠加PR1）作为R18 RedCap成本降低技术的基础上，R18 RedCap同样支持PR1作为独立的成本降低技术，即终端具有20MHz的射频和基带带宽，但是峰值速率的目标与支持基带带宽降低到5MHz的BW3+PR1相同，均为10Mbit/s。另外，针对BW3的成本降低方式，随着RAN1标准化讨论的深入，支持网络调度终端的带宽跨度大于5MHz，但要求网络发送给连接态终端的PDSCH和PUSCH的PRB的个数不大于25RB（15kHz子载波间隔）和12RB（30kHz子载波间隔），实际上与PR3的概念类似。

对于放宽处理时延的提案，考虑到增益有限，且会增加网络调度复杂度，该提案最终没有进入WI的标准范围。

针对终端节能部分，①和②在RAN#94次会议讨论后基本获得了大多数公司的认可。在RAN#97次会议上，①直接进入WI进行后续的标准化。对于②，有公司认为没有进行成本降低的分析，且并没有明确终端的功率等级降低的数值，不应该作为WI的研究目标。对此，尽管有公司认为，参考LTE中的分析将会发现降低终端功率等级所带来的成本增益是非常可观的，且由于其仅限于室内场景，主要影响的是RAN4，对RAN1的影响有限，但大多数公司认可将该部分的优先级降低或者推迟到下一次会议讨论，因此立项目标里也就没有包含此项技术方案。

RAN#97次会议形成的WI的研究范围[39]是：RRC INACTIVE状态下的eDRX增强实现终端能耗的进一步降低；终端的上下行共享信道的基带带宽进一步降低到5MHz及降低峰值数据速率以实现终端复杂度和成本降低。标准化过程中的目标是仅定义一种类型的终端，且保证与传统终端及R17终端共存。尽管还有一些需要在后续的会议中确定的限制，但该WI已经基本形成了R18 RedCap终端所具备的基本框架。在RAN#99次会议后，由于PR1作为R18 RedCap的低成本实现技术被采纳，WID增加了PR1的部分内容。产业界希望能够通过两个版本的标准化，同时结合在定位课题中的RedCap的定位增强技术，并融合低成本唤醒、无源物联网等技术，打造NR面向物联网行业的终端生态，成为未来5G深入物联网领域的有力武器。

[1] 3GPP. New SID on support of reduced capability NR devices: RP-193238[S]. 2019.

[2] 3GPP. Study on support of reduced capability NR devices (V17.0.0): TR 38.875[S]. 2021.

[3] 3GPP. Revised SID on Study on support of reduced capability NR devices: RP-201386[S]. 2020.

[4] 3GPP. Study on enhancements for cyber-physical control applications in vertical domains; Stage 1 (V17.4.0): TR 22.832[S]. 2021.

[5] 3GPP. Service requirements for cyber-physical control applications in vertical domains; Stage 1 (V18.3.0): TS 22.104[S]. 2021.

[6] 3GPP. Study on Communication for Automation in Vertical Domains (V16.3.0): TR 22.804[S]. 2020.

[7] 3GPP. New WID on support of reduced capability NR devices: RP-202933[S]. 2020.

[8] 3GPP. Revised WID on support of reduced capability NR devices: RP-210918[S]. 2021.

[9] 3GPP. New WID on support of reduced capability NR devices: RP-211574[S]. 2021.

[10] 3GPP. FL summary on RedCap evaluation results: R1-2009293[S]. 2020.

[11] 3GPP. Physical layer procedures for data (V17.2.0): TS 38.214[S]. 2022.

[12] 3GPP. Study on further NR RedCap UE complexity reduction (V18.0.0): TR 38.865[S]. 2022.

[13] 3GPP. Revised WID on NR coverage enhancements: RP-211566[S]. 2021.

[14] 3GPP. Revised WID UE Power Saving Enhancements for NR: RP-212630[S]. 2021.

[15] 3GPP. User Equipment (UE) radio access capabilities (V17.2.0): TS 38.306[S]. 2022.

[16] 3GPP. Radio Resource Control (RRC) protocol specification (V17.2.0): TS 38.331[S]. 2022.

[17] 3GPP. Physical layer procedures for control (V17.3.0): TS 38.213[S]. 2022.

[18] 3GPP. User Equipment (UE) feature list (V16.1.0): TS 38.822[S]. 2021.

[19] 3GPP. Reply LS on use of NCD-SSB for RedCap UE: R4-2120327[S]. 2021.

[20] 3GPP. Functionality for coverage recovery: R1-2003303[S]. 2020.

[21] 3GPP. Physical channels and modulation (v15.2.0): TS 38.211[S]. 2018.

[22] 3GPP. User Equipment (UE) procedures in Idle mode and RRC Inactive state (V17.2.0): TS 38.304[S]. 2022.

[23] 3GPP. Requirements for support of radio resource management (V17.7.0): TS 38.133[S]. 2022.

[24] 3GPP. User Equipment (UE) radio access capabilities (V17.2.0): TS 36.306[S]. 2022.

[25] 3GPP. RAN2 endorsed CRs on Introduction of RedCap: RP-220836[S], 2022.

[26] 3GPP. Potential solutions for UL coverage recovery: R1-2101266[S].2021.

[27] 3GPP. Medium Access Control (MAC) protocol specification (V17.2.0): TS 38.321[S]. 2022.

[28] 3GPP. Service requirements for the 5G system; Stage 1 (V19.0.0): TS 22.261[S]. 2022.

[29] 3GPP. Non-Access-Stratum (NAS) protocol for 5G System (5GS); Stage 3 (V18.0.1): TS 24.501[S]. 2022.

[30] 3GPP. Summary for RAN Rel-18 Package: RP-213469[S]. 2021.

[31] 3GPP. New SID: Study on further NR RedCap UE complexity reduction: RP-213661[S]. 2021.

[32] 3GPP. New SID: Study on low-power Wake-up Signal and Receiver for NR: RP-213645[S]. 2021.

[33] 3GPP. Moderator's summary for discussion [RAN94e-R18Prep-05] RedCap Evolution: RP-212665[S].2021.

[34] 3GPP. New SID: Study on Passive IoT: RP-213369[S]. 2021.

[35] 3GPP. New SID: Study on Ambient IoT: RP-222685[S]. 2022.

[36] 3GPP. Updated views on Rel-18 RedCap evolution: RP-212134[S]. 2021.

[37] 3GPP. Study on further NR RedCap UE complexity reduction (V18.0.0): TS 38.865[S]. 2022.

[38] 3GPP. Moderator's summary for discussion [98e-19-R18-eRedCap]: RP-2235351[S]. 2022.

[39] 3GPP. New WID on enhanced support of reduced capability NR devices: RP-222675[S]. 2022.